全国监理工程师职业资格考试辅导用书

建设工程目标控制（水利工程）
历年真题+考点解读+专家指导

全国监理工程师职业资格考试辅导用书编写委员会　组织编写

中国建筑工业出版社

图书在版编目（CIP）数据

建设工程目标控制（水利工程）历年真题＋考点解读＋专家指导／全国监理工程师职业资格考试辅导用书编写委员会组织编写．—北京：中国建筑工业出版社，2022.12（2023.4重印）

全国监理工程师职业资格考试辅导用书

ISBN 978-7-112-27630-1

Ⅰ.①建… Ⅱ.①全… Ⅲ.①水利工程—目标管理—资格考试—自学参考资料 Ⅳ.①TV

中国版本图书馆CIP数据核字（2022）第128491号

本书按照考试大纲要求，在编写中将命题要点以图表结合方式作了深层次的剖析和总结，并将重要采分点、易考查采分点等加注下划线，从而有效地帮助考生从纷繁复杂的学习资料中脱离出来，达到事半功倍的复习效果。精选典型真题，对易错点、易混项、计算难点等详细剖析讲解，悉心点拨考生破题技巧，帮助考生掌握考试命题规律和趋势。

编写组从各考点的复习难度、命题规律、考试特点、考试题型等方面进行分析、预测，传授备考策略，提炼记忆口诀，帮助考生拓宽学习思路，解决死记硬背的问题。

本书具有较强的指导性和实用性，可供参加全国监理工程师职业资格考试的考生作为复习指导书。

责任编辑：范业庶　张　磊　曹丹丹
责任校对：姜小莲

全国监理工程师职业资格考试辅导用书
建设工程目标控制（水利工程）历年真题＋考点解读＋专家指导
全国监理工程师职业资格考试辅导用书编写委员会　组织编写

*

中国建筑工业出版社出版、发行（北京海淀三里河路9号）
各地新华书店、建筑书店经销
北京点击世代文化传媒有限公司制版
北京建筑工业印刷厂印刷

*

开本：787毫米×1092毫米　1/16　印张：15¼　字数：330千字
2022年12月第一版　2023年4月第二次印刷
定价：**48.00**元（含增值服务）
ISBN 978-7-112-27630-1
（39833）

前言

根据国务院推进“放管服”改革部署，规范职业资格设置和管理，经国务院同意，2017年9月，人力资源社会保障部印发《人力资源社会保障部关于公布国家职业资格目录的通知》（人社部发〔2017〕68号），将监理工程师列入国家职业资格目录清单，由住房和城乡建设部、交通运输部、水利部和人力资源社会保障部（以下简称四部门）实施。根据《国家职业资格目录》，为统一、规范监理工程师职业资格设置和管理，2020年2月28日四部委印发《监理工程师职业资格制度规定》《监理工程师职业资格考试实施办法》，明确了监理工程师职业资格考试设置基础科目和土木建筑工程、交通运输工程、水利工程3类专业科目，全国统一大纲、统一命题、统一组织。考试共设《建设工程监理基本理论和相关法规》《建设工程合同管理》《建设工程目标控制》《建设工程监理案例分析》4个科目。其中《建设工程监理基本理论和相关法规》《建设工程合同管理》为基础科目，《建设工程目标控制》《建设工程监理案例分析》为专业科目。

为了帮助广大考生能在短时间内适应考试，掌握考试重点、难点，迅速提高应试能力和答题技巧，我们组织了一批优秀的考试辅导名师编写了《全国监理工程师职业资格考试辅导用书》。本套丛书包括6个分册，分别是:《建设工程监理基本理论和相关法规历年真题 + 考点解读 + 专家指导》《建设工程合同管理历年真题 + 考点解读 + 专家指导》《建设工程目标控制（土木建筑工程）历年真题 + 考点解读 + 专家指导》《建设工程目标控制（水利工程）历年真题 + 考点解读 + 专家指导》《建设工程监理案例分析（土木建筑工程）历年真题 + 考点解读 + 专家指导》《建设工程监理案例分析（水利工程）历年真题 + 考点解读 + 专家指导》。

本套丛书的基本内容包括：

【考生必掌握】这部分具有两大特点：

一是通过对监理工程师职业资格考试命题规律的总结、定位，将考试的命题要点作了深层次的剖析和总结，图表结合讲解，可帮助考生有效形成基础知识的提炼和升华。

二是将重要采分点、易考查采分点等加注下划线，提示考生要特别注意，省去了考生勾画重点的精力。

【历年这样考】依托历年众多真题，对易错点、易混项、计算难点等详细剖析讲解，全面引领考生答题方向，悉心点拨考生破题技巧，有效突破考生的思维固态。

【还会这样考】编写组在编写过程中，根据考试大纲，结合考试教材，重点筛选后编写了考试还可能会涉及的题目，有利于考生对知识点的全面掌握。

本书还有一大亮点，在文中穿插了**【想对考生说】【考生这样记】**等灵活版块。

【想对考生说】编写组从各考点的复习难度、命题规律、考试特点、考试题型等方面进行分析、预测，传授备考策略，帮助考生拓宽学习思路，提高学习效率。

【考生这样记】编写组根据多年的教学辅导经验，将难理解、难记忆的知识点进行总结，提炼记忆口诀，从而解决了考生死记硬背的问题，达到事半功倍的效果。

【为考生服务】为了配合考生的备考复习，我们配备了专家答疑团队，开通了答疑 QQ 群 627566485（加群密码：助考服务）和微信（wfxm-edu），及时为考生提供解答服务。考生还可以通过关注微信公众号（建知云服务）或扫描右方二维码获取考试资讯、了解行业动态，获取冲刺试卷。

建知云服务

目录

本书特色

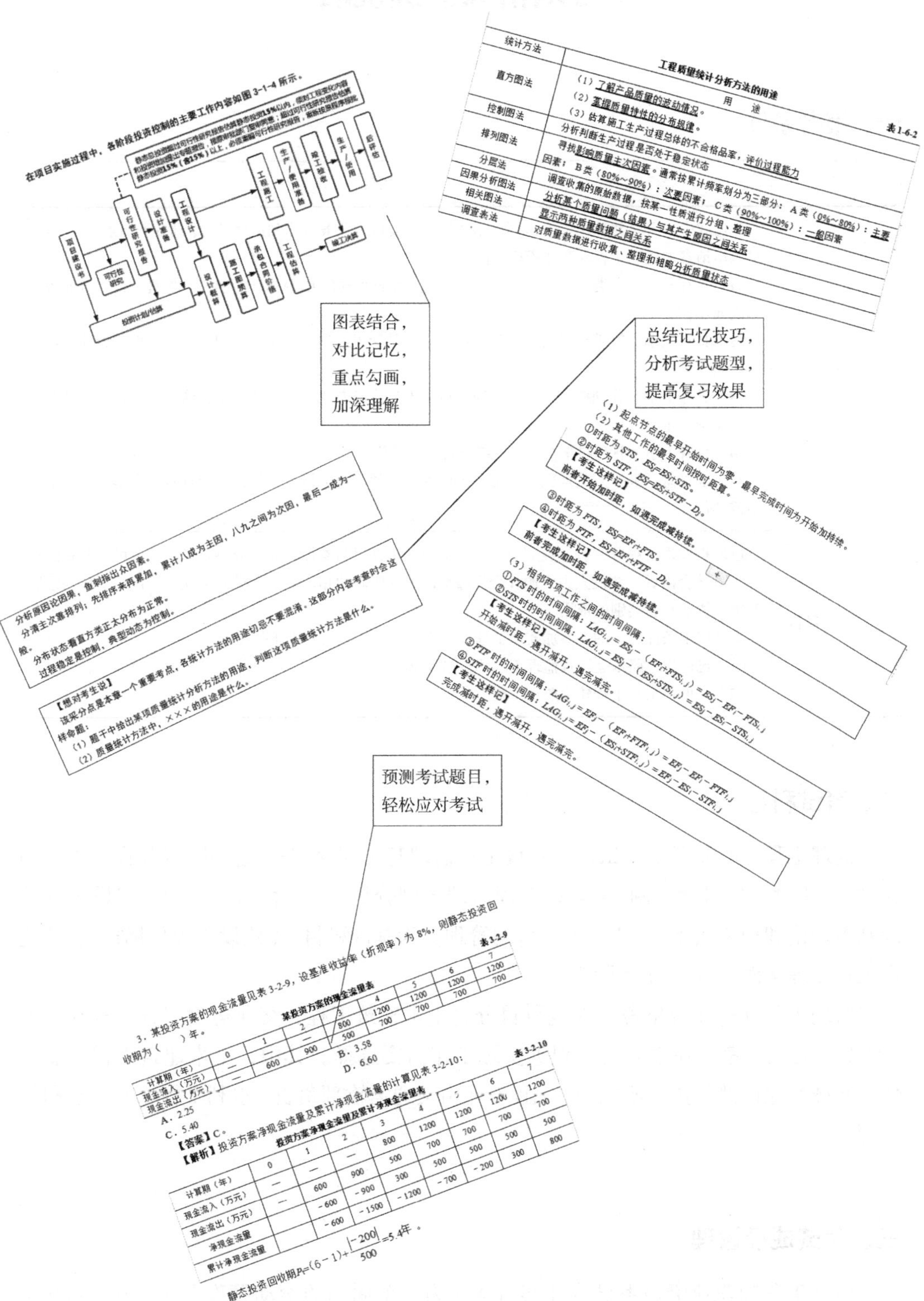

考试相关情况说明

一、报考条件

考试科目	报考条件
考全科	凡遵守中华人民共和国宪法、法律、法规，具有良好的业务素质和道德品行，具备下列条件之一者，可以申请参加监理工程师职业资格考试： （1）具有各工程大类专业大学专科学历（或高等职业教育），从事工程施工、监理、设计等业务工作满 4 年； （2）具有工学、管理科学与工程类专业大学本科学历或学位，从事工程施工、监理、设计等业务工作满 3 年； （3）具有工学、管理科学与工程一级学科硕士学位或专业学位，从事工程施工、监理、设计等业务工作满 2 年； （4）具有工学、管理科学与工程一级学科博士学位。 经批准同意开展试点的地区，申请参加监理工程师职业资格考试的，应当具有大学本科及以上学历或学位
免考基础科目	已取得监理工程师一种专业职业资格证书的人员，报名参加其他专业科目考试的，可免考基础科目。考试合格后，核发人力资源社会保障部门统一印制的相应专业考试合格证明。该证明作为注册时增加执业专业类别的依据。 具备以下条件之一的，参加监理工程师职业资格考试可免考基础科目： （1）已取得公路水运工程监理工程师资格证书； （2）已取得水利工程建设监理工程师资格证书

二、考试科目

监理工程师职业资格考试设《建设工程监理基本理论和相关法规》《建设工程合同管理》《建设工程目标控制》《建设工程监理案例分析》4 个科目。其中《建设工程监理基本理论和相关法规》《建设工程合同管理》为基础科目，《建设工程目标控制》《建设工程监理案例分析》为专业科目。

监理工程师职业资格考试专业科目分为土木建筑工程、交通运输工程、水利工程 3 个专业类别，考生在报名时可根据实际工作需要选择。其中，土木建筑工程专业由住房和城乡建设部负责；交通运输工程专业由交通运输部负责；水利工程专业由水利部负责。

三、考试成绩管理

监理工程师职业资格考试成绩实行 4 年为一个周期的滚动管理办法，在连续的 4

个考试年度内通过全部考试科目，方可取得监理工程师职业资格证书。

免考基础科目和增加专业类别的人员，专业科目成绩按照 2 年为一个周期滚动管理。

四、注册管理

国家对监理工程师职业资格实行执业注册管理制度。取得监理工程师职业资格证书且从事工程监理相关工作的人员，经注册方可以监理工程师名义执业。

经批准注册的申请人，由住房和城乡建设部、交通运输部、水利部分别核发《中华人民共和国监理工程师注册证》(或电子证书)。

监理工程师执业时应持注册证书和执业印章。注册证书、执业印章样式以及注册证书编号规则由住房和城乡建设部会同交通运输部、水利部统一制定。执业印章由监理工程师按照统一规定自行制作。注册证书和执业印章由监理工程师本人保管和使用。

住房和城乡建设部、交通运输部、水利部按照职责分工建立监理工程师注册管理信息平台，保持通用数据标准统一。住房和城乡建设部负责归集全国监理工程师注册信息，促进监理工程师注册、执业和信用信息互通共享。

住房和城乡建设部、交通运输部、水利部负责建立完善监理工程师的注册和退出机制，对以不正当手段取得注册证书等违法违规行为，依照注册管理的有关规定撤销其注册证书。

01 第一部分

建设工程质量控制

第一章 质量控制基本知识

第一节 质量管理基本概念

一、质量和建设工程质量

【考生必掌握】

质量是客体的一组固有特性满足要求的程度。

建设工程质量——从狭义上讲，建设工程质量通常指工程产品质量；而从广义上讲，应包括工程产品质量和工作质量两个方面。

【想对考生说】

（1）上述“质量”不仅指产品质量，也可以是某项活动或过程的质量，还可以是质量管理体系的质量。

（2）“客体”是指可感知或可想象的任何事物。客体可能是物质的、非物质的或想象的，如某一产品、某项服务、某施工过程、某个人员、某一组织或体系、资源。

（3）“特性”是指可区分的特征。特性可以是固有的或赋予的，也可以是定量的或定性的。“固有的”就是指本身就存在的，尤其是那种永久的特性。这里的质量特性就是指固有的特性，而不是赋予客体的特性。

（4）“要求”是指明示的、通常隐含的或必须履行的需求或期望。

建设工程的质量特性包括 6 个方面，分别是功能（性能）、时间性、可靠性、经济性、安全性、适用性与环境的协调性。[助记：施耐安靠环境协调发展经济]

【想对考生说】

这部分内容在考查时有两个方面的内容：

（1）考查建设工程质量特性包括的内容。

（2）对特性概念的考查。

【还会这样考】

1．质量是指“客体的一组固有特性满足要求的程度”，其中“要求”是指（　）的需要和期望。

A．供方和需方　　B．组织和个人

C．明示和隐含　　D．一般和特殊

【答案】C。

2．工程在规定的时间内和规定的条件下，完成规定功能的能力大小和程度是指（　）。

A．适用性　　B．安全性

C．可靠性　　D．经济性

【答案】C。

3．建设工程的质量特性包括（　）。

A．目的性　　B．可靠性

C．经济性　　D．安全性

E．适用性与环境的协调性

【答案】BCDE。

二、质量控制和建设工程质量控制

【考生必掌握】

质量控制是质量管理的一部分，致力于满足质量要求。也可解释为：使产品或服务达到质量要求而采取的技术措施和管理措施方面的活动。

建设工程质量控制——致力于满足工程质量要求，也就是为了保证工程质量满足工程合同和规范标准所采取的一系列措施、方法和手段。工程质量要求主要包括工程合同、设计文件、技术标准规范的质量标准。

按控制主体的不同，建设工程质量控制主要包括以下五个方面，如图 1-1-1 所示。

【还会这样考】

根据《质量管理体系 基础和术语》GB/T 19000—2016，质量控制的定义是（　）。

A．质量管理的一部分，致力于满足质量要求的一系列相关活动

B．工程建设参与者为了保证工作项目质量所从事工作的水平和完善程度

C．对建筑产品具备的满足规定要求能力的程度所做的系统检查

D．未达到工程项目质量要求所采取的作业技术和活动

【答案】A。

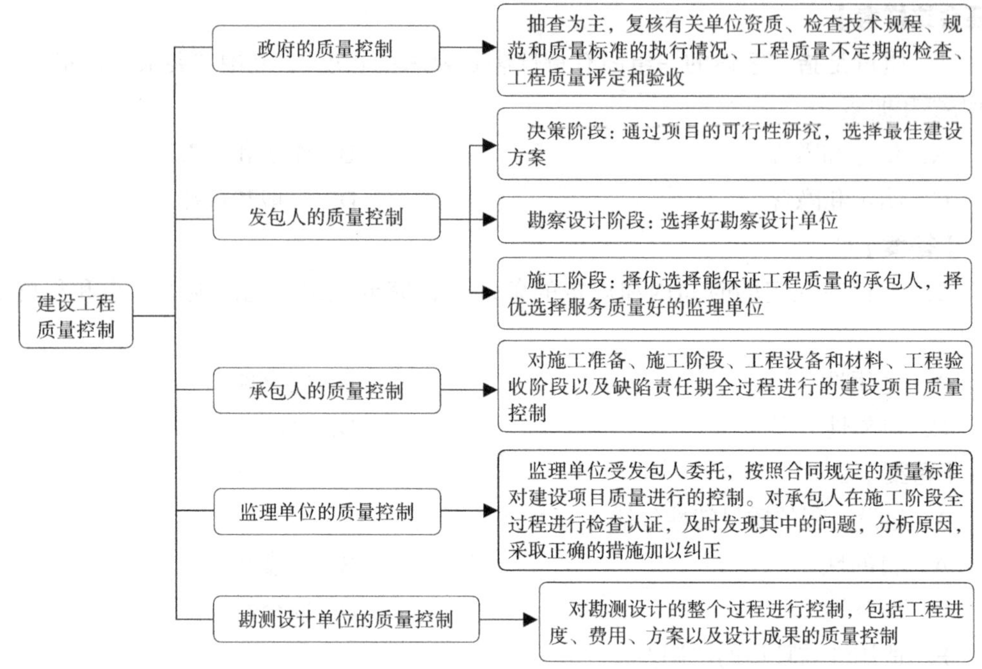

图 1-1-1　建设工程质量控制

第二节　质量管理体系

一、质量保证和质量保证体系

【考生必掌握】

质量保证——质量管理的一部分，致力于提供质量要求会得到满足的信任。也可解释为：使人们确信产品或服务能满足质量要求而在质量管理体系中实施，并根据需要进行证实的全部有计划和有系统的活动。

【想对考生说】

在工程建设中，质量保证的途径有 3 种：

（1）以检验为手段。

（2）以工序管理为手段。

（3）以开发新技术、新工艺、新材料、新工程产品为手段（最高级的质量保证手段）。

质量保证体系——是以保证和提高建设项目质量为目标，运用系统的概念和方法，把企业各部门、各环节的质量管理职能和活动合理组织起来，形成一个明确任务、职责、

权限，而又互相协调、互相促进的管理网络和有机整体，使质量管理制度化、标准化，从而建造出用户满意的工程，形成一个有机的质量保证体系。

【还会这样考】

1.【2021 年真题】承包人的质量保证体系组成包括思想控制子体系、组织控制子体系和（　）控制子体系。

A. 工作　　B. 过程

C. 技术　　D. 监督

【答案】A。

2. 在工程建设中，质量保证的手段有（　）。

A. 检验　　B. 工序管理

C. 抽查　　D. 特殊工程控制

E. 开发新技术、新工艺、新材料、新工程产品

【答案】ABE。

3. 下列建设工程施工质量保证体系的内容中，属于组织保证子体系的有（　）。

A. 树立质量第一，用户第一的观点　　B. 掌握全面质量管理的基本方法

C. 成立质量管理小组　　D. 建立各种规章制度

E. 分解施工质量目标

【答案】CD。

【想对考生说】

质量保证体系的组成如图 1-1-2 所示。

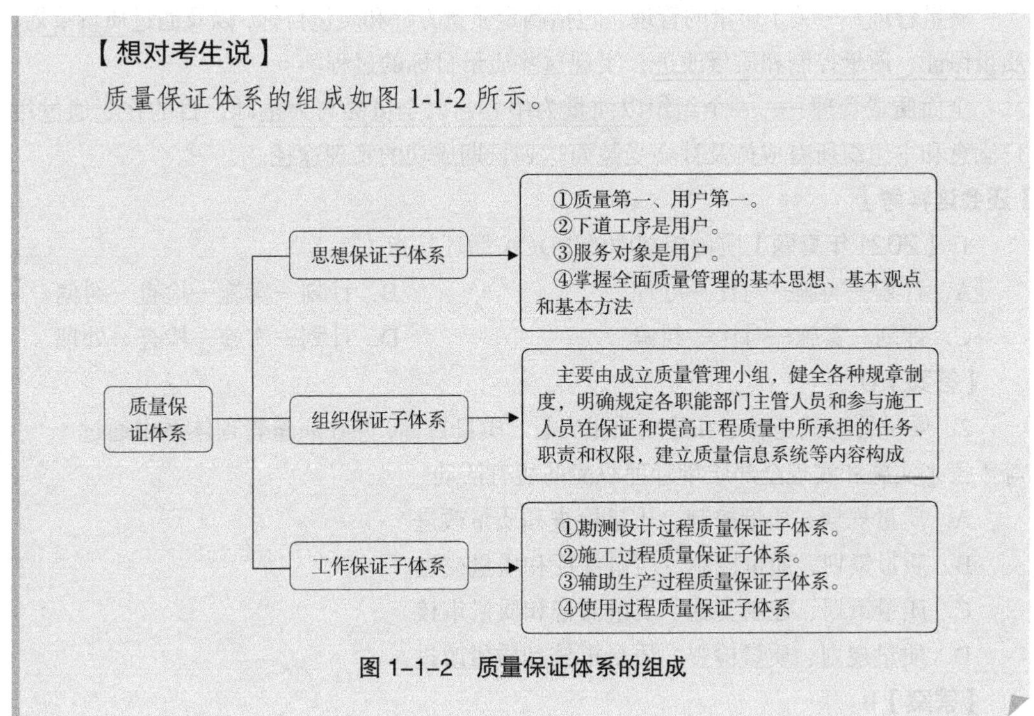

图 1-1-2　质量保证体系的组成

【想对考生说】

全面质量管理的基本方法包括4个阶段8个步骤，如图1-1-3所示。

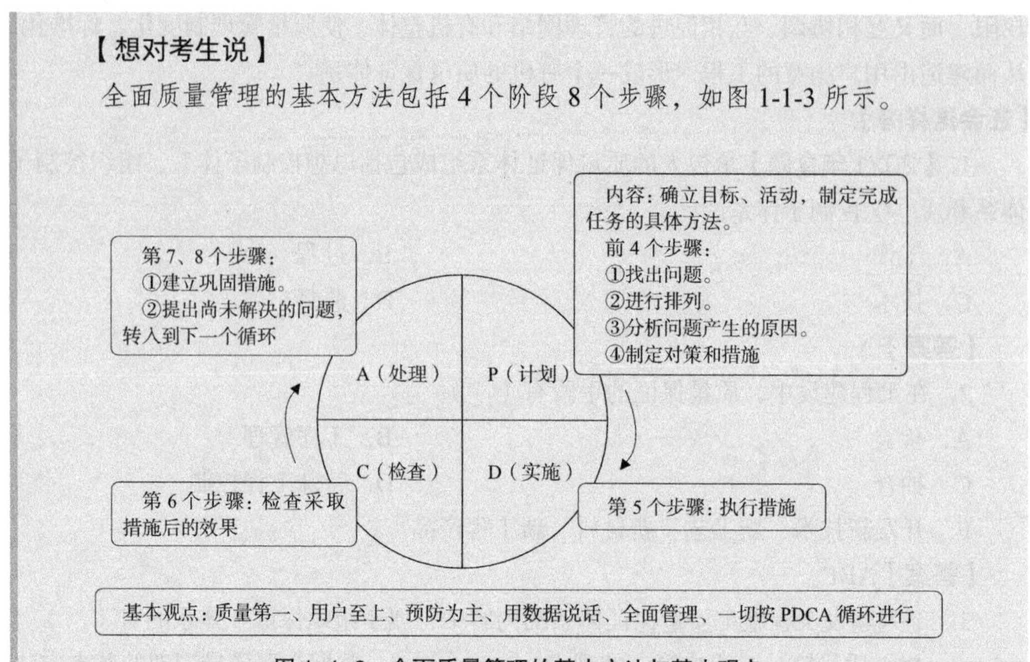

图1-1-3　全面质量管理的基本方法与基本观点

二、质量管理与全面质量管理

【考生必掌握】

质量管理——关于质量的管理。包括制定质量方针和质量目标，以及通过质量策划、质量保证、质量控制和质量改进，实现这些质量目标的过程。

全面质量管理——一个组织以质量为中心，以全员参与为基础，目的在于通过用户满意和本组织所有成员及社会受益而达到长期成功的管理途径。

【还会这样考】

1.【2021年真题】质量控制中的PDCA循环是指（　）。

A．计划—实施—对比—处理　　B．计划—实施—检查—纠偏

C．计划—实施—对比—纠偏　　D．计划—实施—检查—处理

【答案】D。

2．质量管理就是确定和建立质量方针、质量目标，并在质量管理体系中通过（　）等手段来实施和实现全部质量管理职能的所有活动。

A．质量规划、质量控制、质量检查和质量改进

B．质量策划、质量控制、质量保证和质量改进

C．质量策划、控制实施、质量监督和质量审核

D．质量规划、质量检查、质量审核和质量改进

【答案】B。

3．全面质量管理应坚持按照 PDCA 循环过程管理，PDCA 循环中“C”环节指的是（　　）。

A．计划　　B．实施

C．检查　　D．处理

【答案】C。

4．全面质量管理的基本观点包括（　　）。

A．质量第一的观点　　B．用户至上的观点

C．以人为本的观点　　D．预防为主的观点

E．系统管理的观点

【答案】ABD。

第三节　工程质量的形成过程和影响因素

一、工程形成各阶段对质量的影响

【考生必掌握】

工程建设阶段对质量形成的作用与影响如图 1-1-4 所示。

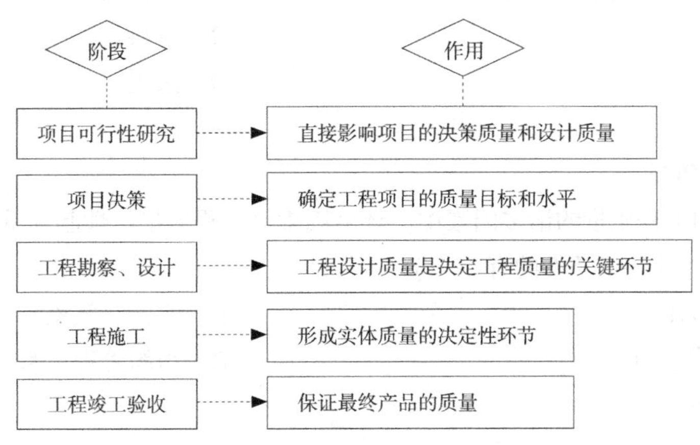

图 1-1-4　工程建设阶段对质量形成的作用与影响

【还会这样考】

1．工程建设的不同阶段，对工程项目质量的形成有不同的影响，其中直接影响项目决策质量和设计质量的阶段是（　　）。

A．初步设计　　B．项目可行性研究

C．施工图设计　　D．方案设计

【答案】B。

2．工程建设的不同阶段对工程项目质量的形成起着不同的作用和影响，决定工程质量的关键环节是（　）。

A．项目可行性研究　　B．项目决策

C．工程设计　　D．工程施工

【答案】C。

二、影响工程质量的因素

【考生必掌握】

影响工程质量的因素归纳起来有五个方面，即4M1E，如图1-1-5所示。

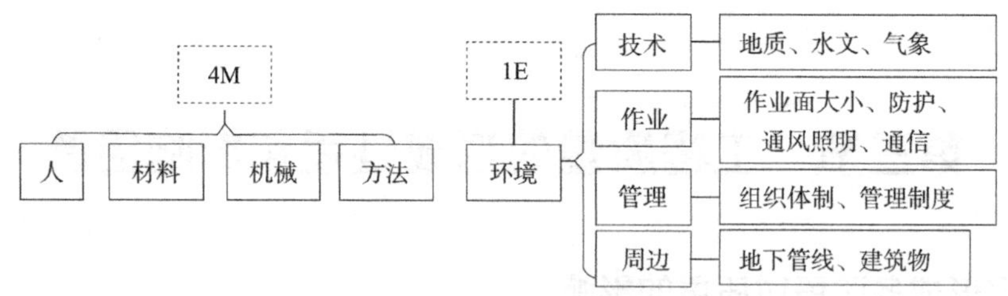

图1-1-5　影响工程质量的因素

【还会这样考】

1．【2021年真题】影响施工阶段质量的因素有（　）等方面。

A．人　　B．材料

C．机械　　D．法规

E．环境

【答案】ABCE。

2．在影响工程质量的诸多因素中，环境因素对工程质量特性起到重要作用。下列因素属于工程作业环境条件的有（　）。

A．防护设施　　B．水文、气象

C．施工作业面　　D．组织管理体系

E．通风照明

【答案】ACE。

第四节　工程质量的政府监督管理

一、水利工程质量监督机构的设置及其职责

【考生必掌握】

1. 水利工程质量监督机构的设置

水行政主管部门主管水利工程质量监督工作。水利工程质量监督机构按总站、中心站、站三级设置。

2. 水利工程质量监督机构的主要职责

水利工程质量监督机构的主要职责见表 1-1-1。

【想对考生说】

注意区分不同监督机构的职责，考试时主要职责会相互作为干扰选项出现。

水利工程质量监督机构的主要职责　　表 1-1-1

监督机构	主要职责
全国水利工程质量监督总站	贯彻执行国家和水利部有关工程建设质量管理的方针、政策；制定水利工程质量监督、检测有关规定和办法，并监督实施；归口管理全国水利工程的质量监督工作，指导各分站、中心站的质量监督工作；对部直属重点工程组织实施质量监督。 参加工程的阶段验收和竣工验收；监督有争议的重大工程质量事故的处理；掌握全国水利工程质量动态。 组织交流全国水利工程质量监督工作经验，组织培训质量监督人员。开展全国水利工程质量检查活动
水利工程设计质量监督分站	归口管理全国水利工程的设计质量监督工作；负责设计全面质量管理工作；掌握全国水利工程的设计质量动态，定期向总站报告设计质量监督情况
各流域水利工程质量监督分站	总站委托监督的部属水利工程；中央与地方合资项目，监督方式由分站和中心站协商确定；省（自治区、直辖市）界及国际边界河流上的水利工程
市（地）水利工程质量监督站	由各中心站进行制定。项目站（组）职责应根据相关规定及项目实际情况进行制定

【还会这样考】

全国水利工程质量监督总站的主要职责有（　）。

A. 制定水利工程质量监督、检测有关规定和办法

B. 对部直属重点工程组织实施质量监督

C. 参加工程的阶段验收和竣工验收

D. 监督有争议的重大工程质量事故的处理

E. 掌握全国水利工程的设计质量动态

【答案】 ABCD。

二、水利工程质量监督机构监督程序及其主要工作内容

【考生必掌握】

发包人应在工程开工前到相应的水利工程质量监督机构办理监督手续，签订《水利工程质量监督书》。

水利工程建设项目质量监督方式以抽查为主。大型水利工程应建立质量监督项目站，中、小型水利工程可根据需要建立质量监督项目站（组），或进行巡回监督。

监督的主要内容有：

（1）对监理、设计、施工和有关产品制作单位的资质进行复核。

（2）对发包人、监理单位的质量检查体系和承包人的质量保证体系以及设计单位现场服务等实施监督检查。

（3）对工程项目的单位工程、分部工程、单元工程的划分进行监督检查。

（4）监督检查技术规程、规范和质量标准的执行情况。

（5）检查承包人、发包人、监理单位对工程质量检验和质量评定情况。

（6）在工程竣工验收前，对工程质量进行等级核定，编制工程质量评定报告，并向工程竣工验收委员会提出工程质量等级的建议。

【还会这样考】

1. 水利工程建设项目质量监督方式以（　）为主。

A. 跟踪　　B. 巡视

C. 抽查　　D. 旁站

【答案】C。

2. 水利工程建设项目质量监督的主要内容有（　）。

A. 对监理、设计、施工和有关产品制作单位的资质进行复核

B. 对发包人、监理单位的质量检查体系和承包人的质量保证体系实施监督检查

C. 对工程项目的单位工程、分部工程、单元工程的划分进行监督检查

D. 检查承包人、发包人、监理单位对工程质量检验和质量评定情况

E. 在工程竣工验收后，对工程质量进行等级核定，编制工程质量评定报告

【答案】ABCD。

三、水利工程质量监督依据及主要权限

【考生必掌握】

1. 工程质量监督的依据

（1）国家有关的法律、法规。

（2）水利水电行业有关技术规程、规范，质量标准。

（3）经批准的设计文件等。

2．工程质量监督的权限

（1）对监理、设计、施工等单位的资质等级、经营范围进行核查，发现越级承包工程等不符合规定要求的，责成建设单位限期改正，并向水行政主管部门报告。

（2）对工程有关部位进行检查，调阅发包人、监理单位和承包人的检测试验成果、检查记录和施工记录。

（3）对违反技术规程、规范、质量标准，特别是强制性条文或设计文件的承包人，通知发包人、监理单位采取纠正措施。问题严重时，可向水行政主管部门提出整顿的建议。

（4）对使用未经检验或检验不合格的建筑材料、构配件及设备等，责成发包人采取措施纠正。

（5）提请有关部门或司法机关追究造成重大工程质量事故的单位和个人的行政、经济、刑事责任。

【还会这样考】

水利工程质量监督机构对承建其监督项目的施工企业进行核查的内容包括(　　)等。

A．经营范围　　B．质量认证证书

C．资质等级　　D．资信证明

E．质量检查体系

【答案】AC。

第五节　标准强制性条文

【想对考生说】

2020年版《水利工程建设标准强制性条文》共涉及94项水利工程建设标准、557条强制性条文。考生没有必要学习所有的条文，需要学习的是和监理有关的条文。本书中引用了部分条文，有时间的考生可以把其他的条文也学习一下。

第六节　ISO9000质量管理体系

一、ISO质量管理体系的质量管理原则

【考生必掌握】

ISO质量管理体系的质量管理原则如图1-1-6所示。

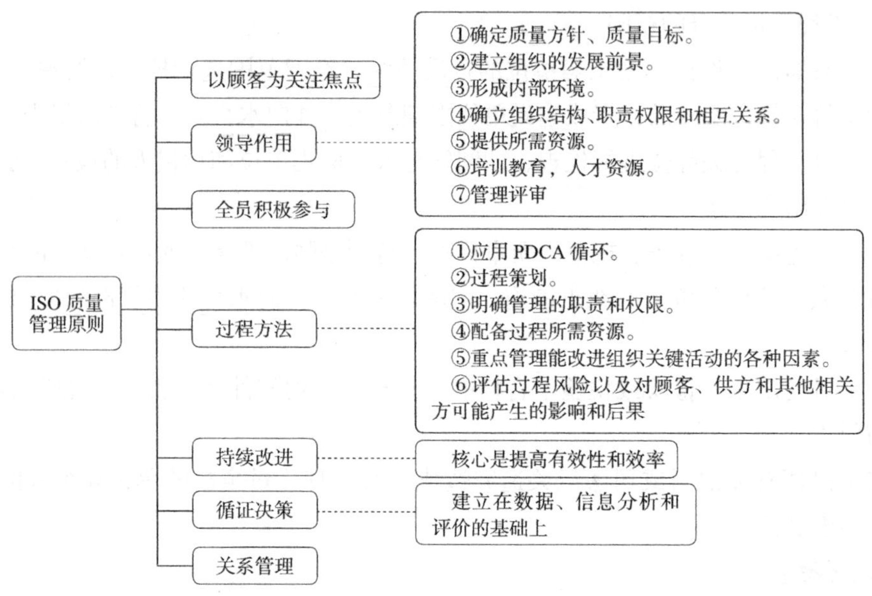

图 1-1-6　ISO 质量管理体系的质量管理原则

【考生这样记】

七项原则：领导顾客关系、全员过程管理、循证决策管理。

【想对考生说】

对于该考点，一般会有两种题型可考：

（1）以多项选择题考查质量管理原则；

（2）概念题的考查。

【还会这样考】

1．ISO 质量管理体系提出的“持续改进”质量管理原则，其核心内容是（　）。

A．需求的变化要求组织不断改进　　B．确立挑战性的改进目标

C．提高有效性和效率　　D．全员参与

【答案】C。

2．根据 ISO 质量管理体系标准，将互相关联的过程作为系统加以识别、理解和管理的质量管理原则是（　）。

A．过程方法　　B．持续改进

C．过程评价　　D．管理的系统方法

【答案】A。

二、ISO 质量管理体系的建立

【考生必掌握】

1．策划与准备

四项主要工作：贯标决策，统一思想；教育培训，统一认识；成立班子，明确任务；编制工作计划、环境与风险评价。

2．质量管理体系总体设计

三项主要工作：确定质量方针、目标；过程适用性评价和体系覆盖范围确定；组织结构调整方案。

【想对考生说】

质量方针是由组织的最高管理者正式发布的该组织总的质量宗旨和方向，质量目标是指组织在质量方面所追求的目标。

质量目标应以质量方针为框架具体展开。

3．编写质量管理体系文件

五项主要工作：文件准备和企业调查；编写质量手册；编制必要的专门程序；编制必要的作业文件；文件发布。

质量管理体系文件的构成见表 1-1-2。

质量管理体系文件的构成 表 1-1-2

文件构成	内容
质量手册	（1）内部质量管理的纲领性文件和行动准则。 （2）阐明监理单位的质量方针和质量目标
程序文件	质量手册的支持性文件
作业文件	程序文件的支持性文件

【还会这样考】

1．根据 ISO 质量管理体系标准，工程质量单位应以（ ）为框架，制定具体的质量目标。

A．质量计划　　B．质量方针

C．质量策划　　D．质量要求

【答案】B。

2．用来阐明监理单位的质量方针和质量目标的纲领性文件是（ ）。

A．质量计划　　B．质量记录

C．质量手册　　D．程序文件

【答案】C。

【想对考生说】

质量记录是产品满足质量要求的程度和监理单位质量管理体系中各项质量活动结果的客观反映，包括两方面：

一类是与质量管理体系有关的记录，如合同评审记录、内部审核记录、管理评审记录、培训记录、文件控制记录等；

另一类是与监理服务“产品”有关的质量记录，如监理旁站记录、材料设备验收记录、纠正预防措施记录、不合格品处理记录等。

3．根据质量管理体系标准要求，监理单位质量管理体系文件由（　）组成。

A．规范与标准

B．设计文件与图纸

C．质量手册

D．程序文件

E．作业文件

【答案】CDE。

【想对考生说】

这道题还可以这样命题：“质量管理体系文件由质量手册、程序文件和（　）等构成。”

三、ISO 质量管理体系的实施

【考生必掌握】

质量管理体系的实施包括两个阶段：体系运行与改进、质量管理体系认证。在这两个阶段中需要掌握以下几个知识点：

（1）质量管理体系运行及改进阶段需要完成的主要任务有：质量管理体系文件宣贯；运行、建立记录；纠正错误；内部审核；管理评审。

（2）质量管理体系的有效运行可以概括为：

全面贯彻：七项管理原则。

行为到位：文件规定到位、过程控制到位、方针目标管理到位和持续改进到位。

适时管理：管理行为的动态性、时间性和周期性。

适中控制：管理行为要适中。

有效识别：管理行为对事物状态的识别能力。质量管理体系要素管理到位的前提和保证是管理体系的识别能力、鉴别能力和解决能力。

不断改善：对内外环境的适应性。

（3）内部审核是监理单位内部的质量保证活动。

（4）管理评审是由监理单位最高管理者关于质量管理体系现状及其对质量方针和目标的适宜性、充分性和有效性所作的正式评价。

管理评审的目的主要是：①对现行的质量管理体系能否适应质量方针和质量目标

作出正式的评价。②质量管理体系与组织的环境变化的适宜性作出评价。③调整质量管理体系结构，修改质量管理体系文件，使质量管理体系更加完整有效，持续改进。

（5）认证与认可的区别：

①认证是由第三方进行，认可是由授权的机构进行；

②认证是书面保证，认可是正式承认；

③认证是证明认证对象与认证所依据的标准符合性，认可是证明认可对象具备从事特定任务的能力。

【还会这样考】

1．ISO 质量管理体系运行中，体系要素管理到位的前提和保证是（　）。

A．管理体系的适时管理　　B．管理体系的行为到位

C．管理体系的适中控制　　D．管理体系的识别能力

【答案】D。

2．关于 ISO 质量管理体系中管理评审的说法，正确的是（　）。

A．管理评审是监理单位接受政府监督的一种机制

B．管理评审是监理单位最高管理者对管理体系现状及其对质量方针和目标的适宜性、充分性和有效性所作的正式评价

C．管理评审是管理体系自我保证和自我监督的一种机制

D．管理评审是对管理体系运行中执行相关法律情况进行的评价

【答案】B。

3．监理单位质量管理体系的认证方应为（　）。

A．第三方　　B．授权的机构

C．最高领导者　　D．行业管理部门

【答案】A。

4．工程监理企业质量管理体系管理评审的目的有（　）。

A．对现行质量目标的环境适应性作出评价

B．发现质量管理体系持续改进的机会

C．对现行质量管理体系能否适应质量方针作出评价

D．修改质量管理体系文件使其更加完整有效

E．对现行质量管理体系的环境适应性作出评价

【答案】CDE。

第二章 招标阶段质量控制

第一节 勘察、设计招标的质量控制

一、勘察、设计招标文件与投标文件的主要内容

【考生必掌握】

勘察、设计招标文件与投标文件的主要内容见表 1-2-1。

勘察、设计招标文件与投标文件的主要内容 表 1-2-1

项目	主要内容
招标文件	(1)投标须知。 (2)投标文件格式及主要合同条款。 (3)项目说明书，包括资金来源情况。 (4)勘察设计范围，对勘察设计进度、阶段和深度要求。 (5)勘察设计基础资料。 (6)勘察设计费用支付方式，对未中标人是否给予补偿及补偿标准。 (7)投标报价要求。 (8)对投标人资格审查的标准。 (9)评标标准和方法。 (10)投标有效期
投标文件	(1)投标函。 (2)法定代表人身份证明或授权委托书。 (3)联合体协议书(如有)。 (4)投标保证金。 (5)勘察、设计费用清单(如有)。 (6)勘察、设计方案。 (7)项目管理机构表。 (8)拟分包项目情况表(如有)

【还会这样考】

勘察、设计招标文件的主要内容有(　　)。

A. 投标须知　　B. 投标函

C．勘察、设计方案　　D．对投标人资格审查的标准

E．投标有效期

【答案】ADE。

二、勘察、设计招标的质量控制要点

【考生必掌握】

勘察、设计招标质量控制，首先是评审勘察、设计单位投标文件内容的完整性，然后评审质量控制要件是否满足招标文件的要求。对是否满足招标文件要求的评审主要包括以下几个方面：

（1）勘察、设计单位资格评审。重点审查两个方面：

①资质证书类别和等级及所规定的适用业务范围与建设工程的类型、规模、地点、行业特性及要求的勘察、设计任务是否相符，以及资质证书的有效性。

②营业执照，重点是有效期和年检情况。

（2）资信业绩评审。

（3）类似项目业绩、获奖情况评审。

（4）勘察、设计工作方案评审。

【还会这样考】

1.【2021年真题】勘察、设计招标质量控制，主要是对勘察、设计投标文件内容是否满足招标文件的要求进行评审，主要评审（　）几个方面。

A．资格　　B．资信

C．业绩　　D．工作方案

E．财务状况

【答案】ABCD。

2. 评审勘察、设计单位投标文件内容是否满足招标文件要求的内容有（　）。

A．检查勘察、设计单位的资质证书的有效性

B．检查勘察、设计单位营业执照的有效性和年检情况

C．检查勘察、设计单位信用等级及不良记录

D．检查勘察、设计单位的招标结果

E．检查勘察、设计单位的审批手续是否完备

【答案】ABC。

第二节　施工招标的质量控制

一、工程施工招标文件与投标文件的主要内容

【考生必掌握】

工程施工招标文件与投标文件的主要内容见表 1-2-2。

工程施工招标文件与投标文件的主要内容　　表 1-2-2

项目		主要内容
招标文件		（1）招标公告或投标邀请书。 （2）投标人须知。 （3）合同主要条款。 （4）投标文件格式。 （5）采用工程量清单招标的，应当提供工程量清单。 （6）技术条款。 （7）设计图纸。 （8）评标标准和方法。 （9）投标辅助材料
投标文件	商务标投标文件	（1）商务标投标函及投标函附录。 （2）已标价工程量清单
	技术标投标文件	（1）技术标投标函及投标函附录。 （2）法定代表人身份证明或授权委托书。 （3）联合体协议书（如有）。 （4）投标保证金。 （5）施工组织设计。 （6）项目管理机构。 （7）拟分包项目情况表（如有）。 （8）资格审查资料。 （9）原件的复印件。 （10）其他材料

【还会这样考】

工程施工投标文件由商务投标文件和技术投标文件两部分组成，下列属于技术投标文件主要内容的有（　）。

A．施工组织设计　　B．已标价工程量清单

C．投标人须知　　D．资格审查资料

E．技术标投标函及投标函附录

【答案】ADE。

二、工程施工招标的质量控制要点

【考生必掌握】

工程施工招标质量控制，主要是对工程施工投标文件内容是否满足招标文件的要求进行评审，主要评审以下几个方面，如图 1-2-1 所示。

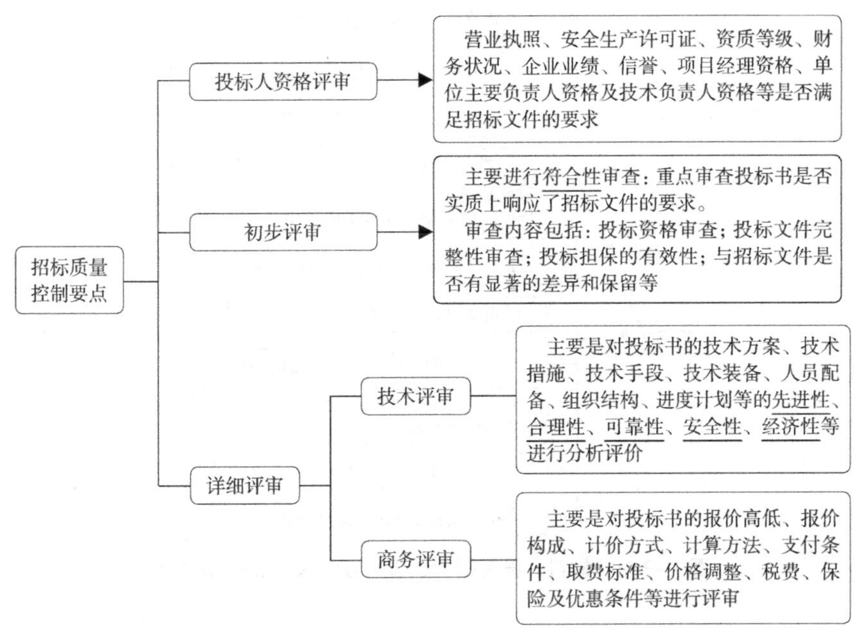

图 1-2-1　工程施工招标的质量控制要点

【还会这样考】

根据《水利水电工程标准施工招标文件（2009 年版）》，详细评审是对标书进行实质性审查，下列属于详细评审内容的有（　）。

A．投标资格审查　　B．投标文件完整性审查

C．投标担保的有效性审查　　D．保险及优惠条件评审

E．投标书技术方案合理性评价

【答案】DE。

第三节　材料、设备招标的质量控制

一、材料、设备招标文件与投标文件的主要内容

【考生必掌握】

材料、设备招标文件与投标文件的主要内容如图 1-2-2 所示。

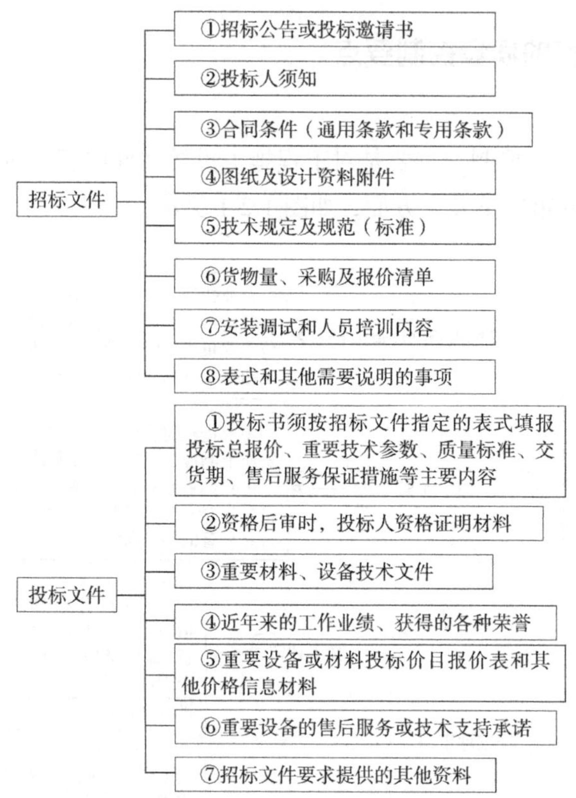

图 1-2-2　材料、设备招标文件与投标文件的主要内容

【还会这样考】

材料、设备招标文件的主要内容有（　）。

A. 投标邀请书

B. 安装调试和人员培训内容

C. 近年来的工作业绩、获得的各种荣誉

D. 图纸及设计资料附件

E. 重要材料、设备技术文件

【答案】ABD。

二、材料、设备招标的质量控制要点

【考生必掌握】

材料、设备招标质量控制，主要是对投标文件内容是否满足招标文件的要求进行评审，具体内容如图 1-2-3 所示。

【还会这样考】

材料、设备招标质量控制，主要是对投标文件内容是否满足招标文件的要求进行评审，下列属于技术评审内容的有（　）。

A. 设备、材料的质量、技术参数

B. 生产同类产品的经验

C. 供货范围和交货期

D. 货物的有效性和配套性

E．可靠性和使用寿命

【答案】 ABE。

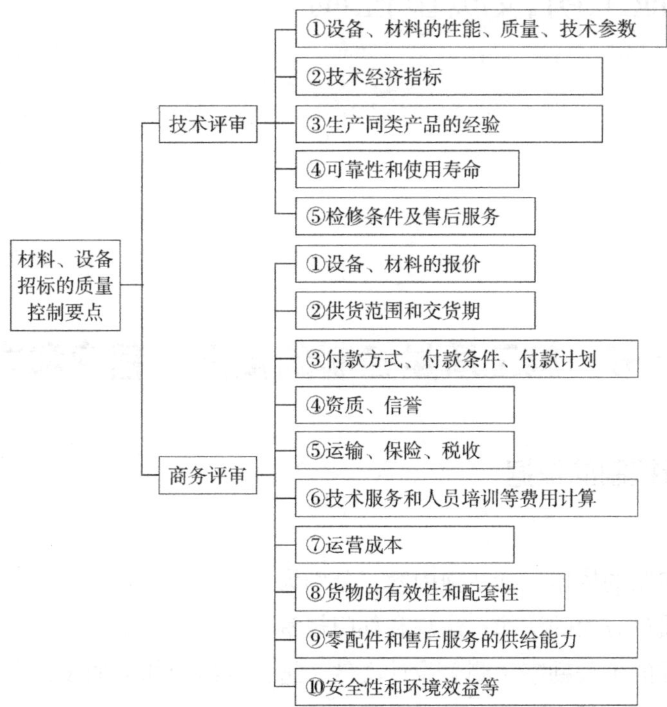

图 1-2-3　材料、设备招标的质量控制要点

第三章 施工阶段质量控制

第一节 施工质量控制的依据、程序和方法

一、施工质量控制的依据

【考生必掌握】

施工质量控制的依据包括 7 项内容，分别为：

（1）有关质量方面的法律、法规和部门规章。

（2）已批准的工程勘察（测）设计文件、施工图纸及相应的设计变更与修改文件。

（3）工程合同文件。

（4）合同中引用的国家和行业（或部颁）的现行施工操作技术规范、施工工艺规程及验收规范、评定规程。

（5）已批准的施工组织设计、施工技术措施及施工方案。

（6）合同中引用的有关原材料、半成品、构配件方面的质量依据。

（7）设备供应单位提供的设备安装说明书和有关技术标准。

【想对考生说】

这里还要特别说明：凡采用新工艺、新技术、新材料的工程，事先应进行试验，并应有权威性技术部门的技术鉴定书及有关的质量数据、指标，在此基础上制定相应的质量标准和施工工艺规程，以此作为判断与控制质量的依据。

【还会这样考】

1．工程中采用新工艺、新材料的，应有（　　）及有关质量数据。

A．施工单位组织的专家论证意见　　B．权威性技术部门的技术鉴定书

C．设计单位组织的专家论证意见　　D．建设单位组织的专家论证意见

【答案】B。

2．水利工程施工质量控制的依据包括（　　）。

A．建筑工程施工质量验收统一标准　　　　B．施工材料及其制品质量的技术标准

C．质量管理体系标准　　　　D．施工组织设计

E．有关的新技术、新材料的质量标准

【答案】ABDE。

二、施工阶段质量控制的程序

【考生必掌握】

施工阶段质量控制的程序，需要掌握合同工程、分部工程以及工序或单元工程质量控制程序。

1．合同工程质量控制程序

合同工程质量控制程序如图 1-3-1 所示。

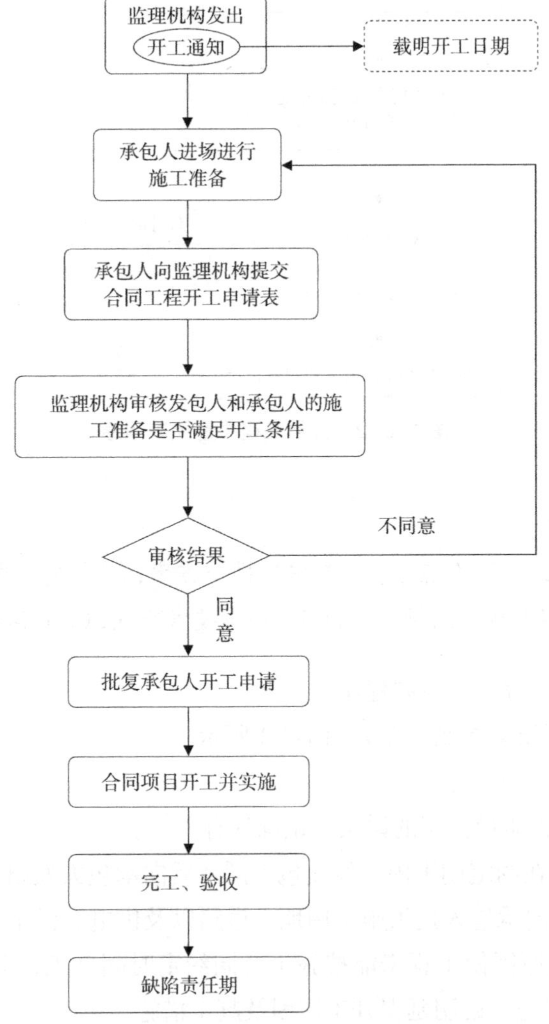

图 1-3-1　合同工程质量控制程序

【想对考生说】

如果承包人原因使工程未能按施工合同约定时间开工，监理机构应通知承包人按合同约定书面报告，说明延误开工原因及赶工措施。由此增加的费用和工期延误造成的损失由承包人承担。

如果发包人原因使工程未能按施工合同约定时间开工，监理机构在收到承包人提出的顺延工期的要求后，应及时与发包人和承包人协商补救办法。由此增加的费用和工期延误造成的损失由发包人承担。

2．分部工程质量控制程序

分部工程质量控制程序如图 1-3-2 所示。

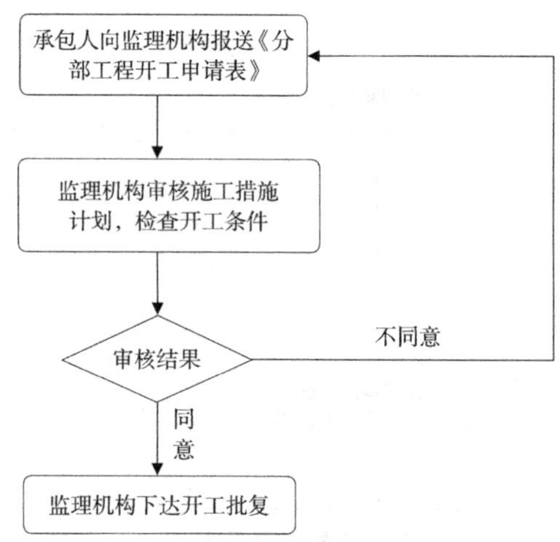

图 1–3–2　分部工程质量控制程序

【想对考生说】

分部工程开工申请表应附：（1）施工措施方案；（2）施工进度计划；（3）机械设备、人员；（4）材料到场情况；（5）施工技术交底；（6）各项材料试验报告。

3．工序或单元工程质量控制程序

工序或单元工程质量控制程序如图 1-3-3 所示。

【还会这样考】

1．关于合同工程质量控制的说法，正确的有（　）。

A．监理机构应在约定期限内，经发包人同意后向承包人发出开工通知

B．监理机构应向承包人提供施工用地、道路以及供电、供水、通信等必要条件

C．由于承包人原因使工程未能按施工合同约定时间开工，监理机构应通知承包人按合同约定书面报告，说明延误开工原因及赶工措施

D．由于发包人原因使工程未能按施工合同约定时间开工，发包人应采取措施补救

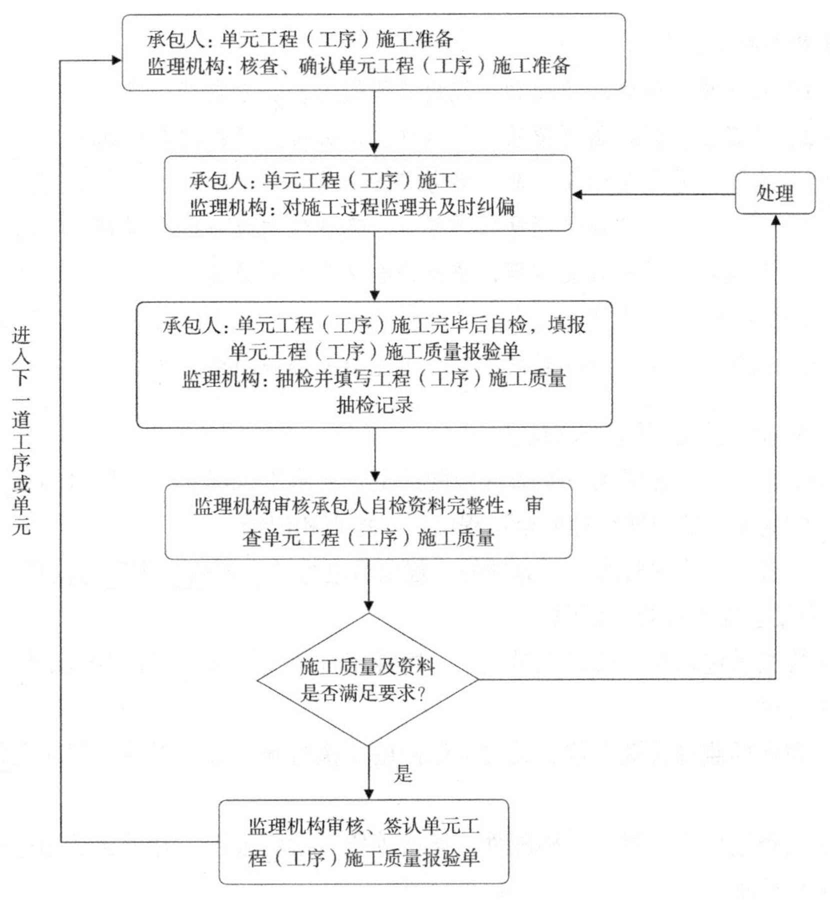

图 1-3-3　工序或单元工程质量控制程序

E．监理机构应在检查发包人和承包人的施工准备满足开工条件后批复合同工程开工申请

【答案】ACE。

2．分部工程开工申请表中应附文件包括（　　）。

A．施工措施方案　　B．施工进度计划

C．施工技术交底　　D．各项材料试验报告

E．施工设计文件

【答案】ABCD。

三、施工阶段质量控制的方法

【考生必掌握】

施工阶段质量控制的方法包括旁站监理、巡视检查、检测、现场记录和文件发布、协调。

【想对考生说】

（1）首先要了解旁站监理和巡视检查的概念，会考查概念题目。

（2）项目监理机构需要旁站的关键部位、关键工序的内容应熟悉。

（3）有关旁站人员的主要职责会考查多项选择题。

（4）项目监理机构对工程施工质量进行巡视的内容一般会考查多项选择题。

（5）检测的两种形式要掌握，重点是要区分检测数量。

（6）协调工作的方式主要包括3种：沟通、会议协商，以及施工合同双方发生合同条款理解歧义时解释合同条款。可能会考查多项选择题。

1．旁站监理与巡视检查的概念

旁站监理——监理机构按照监理合同约定，在施工现场对工程项目的重要部位和关键工序的施工，实施连续性的全过程监督、检查和记录。

巡视检查——监理机构对所监理的工程项目进行的定期或不定期的监督与检查。

2．旁站监理人员的主要职责

（1）检查承包人现场质检人员到岗、特殊工种人员持证上岗以及施工机械、建筑材料准备情况。

（2）在现场监督关键部位、关键工序的施工执行施工方案以及工程建设强制性标准情况。

（3）核查进场施工材料、构配件、设备等质量检验报告，并可在现场进行跟踪检测或者平行检测。

（4）做好旁站监理值班记录，保存旁站监理原始资料。

3．巡视检查的内容

（1）承包人是否按工程设计文件、工程建设标准和批准的施工组织设计、（专项）施工方案施工。

（2）使用的工程材料、构配件和设备是否合格。

（3）施工现场管理人员，特别是施工质量管理人员是否到位。应对其是否到位及履职情况做好检查和记录。

（4）特种作业人员是否持证上岗。

4．检测

检测包括跟踪检测和平行检测，具体内容见表1-3-1。

跟踪检测和平行检测　　表1-3-1

类型	费用承担	检测数量	
		混凝土试样	土方试样
跟踪检测	承包人	不应少于承包人检测数量的7%	不应少于承包人检测数量的10%
平行检测	发包人	不应少于承包人检测数量的3%，重要部位每种标号的混凝土最少取样一组	不应少于承包人检测数量的5%，重要部位至少取样三组

【还会这样考】

1.【2021年真题】监理机构按照合同约定，在施工现场对工程项目的重要部位和关键工序的施工，实施连续性的全过程检查、监督与管理，称之为（　）。

A．跟踪检验　　B．旁站检查

C．巡视检验　　D．见证检验

【答案】B。

2.【2021年真题】监理机构对承包人的土方试件跟踪检测比例为（　）。

A．5%　　B．7%

C．9%　　D．10%

【答案】D。

3．根据《水利工程施工监理规范》SL 288—2014，监理机构开展跟踪检测时，混凝土试样不应少于承包人检测数量的（　）。

A．3%　　B．5%

C．7%　　D．10%

【答案】C。

4．根据《水利工程施工监理规范》SL 288—2014，监理机构开展平行检测时，土方试样不应少于承包人检测数量的（　）。

A．3%　　B．5%

C．7%　　D．10%

【答案】B。

5．旁站监理人员的主要职责包括（　）。

A．检查特殊工种人员持证上岗情况

B．检查施工机械、建筑材料准备情况

C．检查进场材料采购管理制度

D．现场监督施工单位技术交流

E．现场监督关键部位、关键工序的施工执行施工方案

【答案】ABE。

6．项目监理机构针对工程施工质量进行巡视检查的内容有（　）。

A．按设计文件、工程建设标准施工的情况

B．工程施工质量专题会议召开情况

C．使用工程材料、构配件的合格情况

D．特种作业人员持证上岗情况

E．施工现场管理人员到位情况

【答案】ACDE。

第二节　工程施工准备的质量控制

一、合同项目开工条件的审查

【考生必掌握】

合同项目开工条件的审查内容，包括发包人和承包人两方面的准备工作，在这之前，监理机构应先完成自己的准备工作，具体内容如图 1-3-4 所示。

【想对考生说】

（1）监理机构的 6 项准备工作会作为多项选择题采分点考查。

（2）承包人的准备工作中，重点掌握两个内容：

①对项目经理资格的审查。

②审批施工组织设计等技术方案应由总监理工程师完成。

【还会这样考】

1．承包人需要更换项目经理的，应提前（　）d 通知发包人和监理机构，并征得发包人同意。

A．7　　B．14

C．28　　D．42

【答案】B。

2．项目经理短期离开施工现场时，应事先征得（　）书面同意。

A．承包人　　B．监理机构

C．质量监督部门　　D．发包人

【答案】D。

3．施工组织设计等技术方案应由（　）审定批准。

A．专业监理工程师　　B．总监理工程师

C．项目经理　　D．发包人代表

【答案】B。

4．在检查发包人和承包人两方面的准备工作之前，监理机构应先完成自己的准备工作，具体内容包括（　）。

A．设立监理机构，配置监理人员　　B．建立监理工作制度

C．组织编制监理规划　　D．组织编制施工措施计划

E．编制监理实施细则

【答案】ABCE。

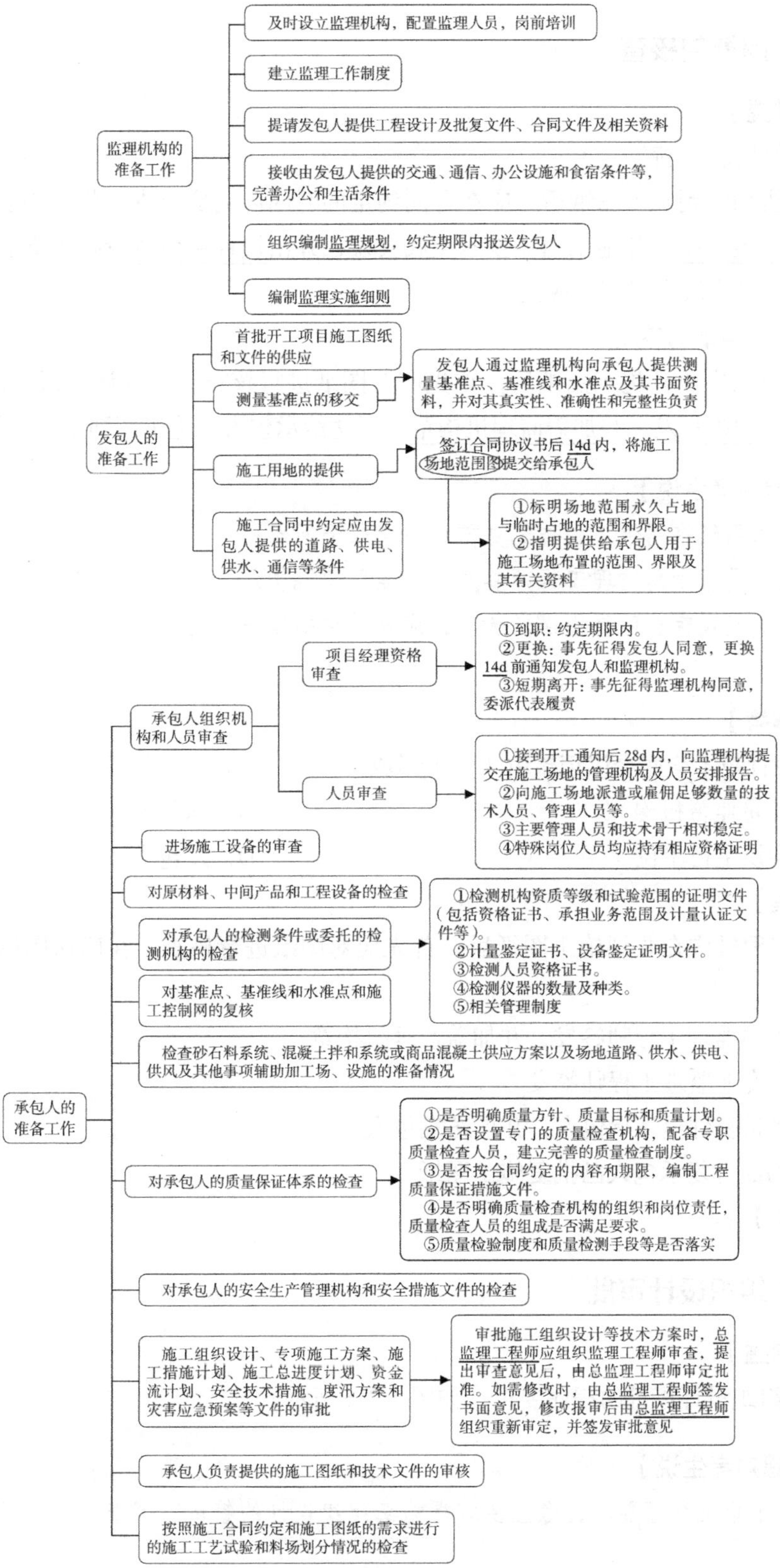

- 监理机构的准备工作
  - 及时设立监理机构，配置监理人员，岗前培训
  - 建立监理工作制度
  - 提请发包人提供工程设计及批复文件、合同文件及相关资料
  - 接收由发包人提供的交通、通信、办公设施和食宿条件等，完善办公和生活条件
  - 组织编制监理规划，约定期限内报送发包人
  - 编制监理实施细则
- 发包人的准备工作
  - 首批开工项目施工图纸和文件的供应
  - 测量基准点的移交 → 发包人通过监理机构向承包人提供测量基准点、基准线和水准点及其书面资料，并对其真实性、准确性和完整性负责
  - 施工用地的提供 → 签订合同协议书后14d内，将施工场地范围图提交给承包人 → ①标明场地范围永久占地与临时占地的范围和界限。②指明提供给承包人用于施工场地布置的范围、界限及其有关资料
  - 施工合同中约定应由发包人提供的道路、供电、供水、通信等条件
- 承包人的准备工作
  - 承包人组织机构和人员审查
    - 项目经理资格审查 → ①到职：约定期限内。②更换：事先征得发包人同意，更换14d前通知发包人和监理机构。③短期离开：事先征得监理机构同意，委派代表履责
    - 人员审查 → ①接到开工通知后28d内，向监理机构提交在施工场地的管理机构及人员安排报告。②向施工场地派遣或雇佣足够数量的技术人员、管理人员等。③主要管理人员和技术骨干相对稳定。④特殊岗位人员均应持有相应资格证明
  - 进场施工设备的审查
  - 对原材料、中间产品和工程设备的检查
  - 对承包人的检测条件或委托的检测机构的检查 → ①检测机构资质等级和试验范围的证明文件（包括资格证书、承担业务范围及计量认证文件等）。②计量鉴定证书、设备鉴定证明文件。③检测人员资格证书。④检测仪器的数量及种类。⑤相关管理制度
  - 对基准点、基准线和水准点和施工控制网的复核
  - 检查砂石料系统、混凝土拌和系统或商品混凝土供应方案以及场地道路、供水、供电、供风及其他事项辅助加工场、设施的准备情况
  - 对承包人的质量保证体系的检查 → ①是否明确质量方针、质量目标和质量计划。②是否设置专门的质量检查机构，配备专职质量检查人员，建立完善的质量检查制度。③是否按合同约定的内容和期限，编制工程质量保证措施文件。④是否明确质量检查机构的组织和岗位责任，质量检查人员的组成是否满足要求。⑤质量检验制度和质量检测手段等是否落实
  - 对承包人的安全生产管理机构和安全措施文件的检查
  - 施工组织设计、专项施工方案、施工措施计划、施工总进度计划、资金流计划、安全技术措施、度汛方案和灾害应急预案等文件的审批 → 审批施工组织设计等技术方案时，总监理工程师应组织监理工程师审查，提出审查意见后，由总监理工程师审定批准。如需修改时，由总监理工程师签发书面意见，修改报审后由总监理工程师组织重新审定，并签发审批意见
  - 承包人负责提供的施工图纸和技术文件的审核
  - 按照施工合同约定和施工图纸的需求进行的施工工艺试验和料场划分情况的检查

图 1-3-4　合同项目开工条件的审查内容

二、施工图纸的核查

【考生必掌握】

1．设计技术交底

监理机构收到施工图纸后，应在合同约定的时间内完成核查工作，必要时，主持或参加发包人主持召开施工图纸技术交底会议，并由设计单位进行技术交底。会议主持单位对设计交底会议应形成记录。

2．施工图纸的签发

监理机构在收到施工图纸后，首先应对图纸进行核查。在确认图纸正确无误后，由总监理工程师签发，并加盖监理机构章，下达给承包人，施工图即正式生效。

【想对考生说】

施工图纸在用于正式施工之前应注意以下问题：

（1）是否由总监理工程师签发并加盖监理机构章。

（2）发现存在明显错误或疏忽，应及时通知监理机构。

【还会这样考】

1．设计技术交底会议记录由（　）形成。

A．质量监督机构　　B．承包人

C．会议主持单位　　D．发包人

【答案】C。

2．监理机构在收到施工图纸后，首先应对图纸进行核查，在确认图纸正确无误后（　）。

A．由总监理工程师签发，并加盖监理机构章

B．由专业监理工程师签发

C．将批复件返还承包人，并抄送发包人

D．书面答复承包人已批复施工图纸

【答案】A。

三、施工组织设计审批

【考生必掌握】

施工组织设计审批的程序要求，如图 1-3-5 所示。

【想对考生说】

对于审批程序要求，考生要掌握施工组织设计的签认、审查。

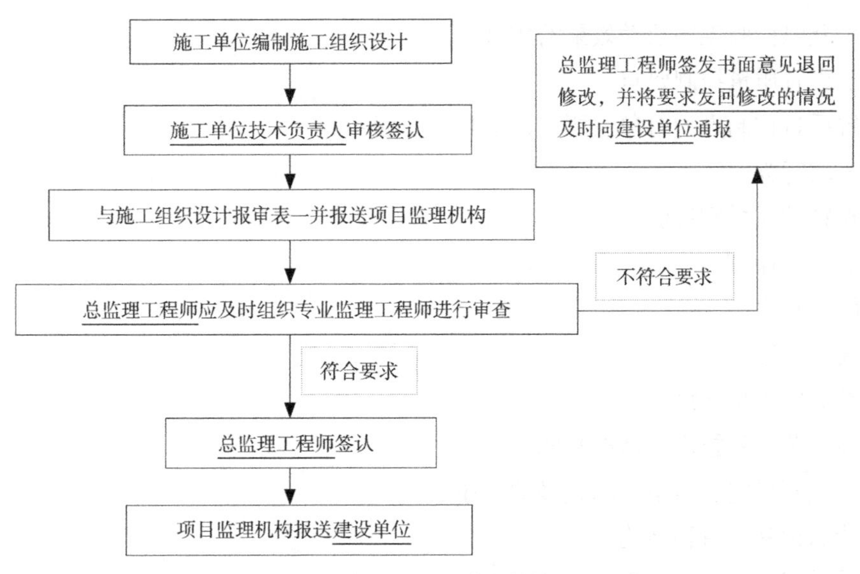

图 1-3-5　施工组织设计审批的程序要求

【还会这样考】

1. 根据《建设工程监理规范》，项目监理机构应将已审核签认的施工组织设计报送（　）。

A. 工程质量监督机构　　B. 建设单位

C. 监理单位　　D. 施工单位

【答案】B。

2. 施工单位编制的施工组织设计应经施工单位（　）审核签认后，方可报送项目监理机构审查。

A. 法定代表人　　B. 技术负责人

C. 项目负责人　　D. 项目技术负责人

【答案】B。

第三节　施工过程的质量控制

一、工序质量控制

【考生必掌握】

工序质量是基础，直接影响工程项目的整体质量。要控制工程项目施工过程的质量，必须加强工序质量控制。进行工序质量控制时，应着重以下 4 个方面的工作：

（1）严格遵守工艺规程。

（2）主动控制工序活动条件的质量。

（3）及时检验工序活动效果的质量。

（4）设置质量控制要点。

设置质量控制点的对象主要有以下几个方面：

①人的行为。

②材料的质量和性能。

③关键的操作。

④施工顺序。

⑤技术参数。

⑥常见的质量通病。

⑦新工艺、新技术、新材料的应用。

⑧质量不稳定、质量问题较多的工序。

⑨特殊地基和特种结构。

⑩关键工序。

【还会这样考】

1. 施工过程的质量控制应当以（　　）质量控制为基础。

A. 特殊施工过程　　B. 工序

C. 分部工程　　D. 分项工程

【答案】B。

2. 对环境条件质量的控制，属于施工过程质量控制中（　　）的工作。

A. 工序施工质量控制　　B. 技术交底

C. 测量控制　　D. 计量控制

【答案】A。

二、工序质量的检查

【考生必掌握】

1. 承包人自检

施工质量的直接实施者和责任者是承包人，承包人应在施工场地设置专门的质量检查机构，配备专职质量检查人员，建立完善的质量检查制度。

承包人完善的自检体系是承包人质量保证体系的重要组成部分，承包人各级质检人员应按照承包人质量保证体系所规定的制度，按班组、值班检验人员、专职质检员逐级进行质量自检，保证生产过程中有合格的质量，发现缺陷及时纠正和返工，把事故消灭在萌芽状态；监理机构应随时监督检查，保证承包人质量保证体系的正常运作，这是施工质量得到保证的重要条件。

2. 监理机构的质量检查

监理机构的质量检查与验收，是对承包人施工质量的复核与确认，监理机构的检查必须是在承包人自检并确认合格的基础上进行的。

监理机构的检查和验收，不免除承包人按合同约定应负的责任。

【还会这样考】

关于工序质量检查的说法，正确的有（　）。

A．承包人应在施工场地设置专门的质量检查机构，建立完善的质量检查制度

B．承包人应按值班检验人员、专职检验员、班组进行自检

C．在承包人自检过程中，监理机构应随时监督检查

D．监理机构的质量检查与验收是对承包人施工质量的复核与确认

E．监理机构的检查和验收，可免除承包人责任

【答案】ACD。

第四节　施工质量控制要点

【考生必掌握】

影响工程质量的因素有“人、材料、机械、方法、环境”，控制这五方面因素的质量是确保施工阶段质量的关键。

1．人的质量控制

人的质量控制包括：实行执业资格制度、从业人员及作业人员实行持证上岗制度，从本质上说，就是对从事施工活动的人的素质和能力进行必要的控制。在施工质量管理中，人的因素起决定性的作用。所以，施工质量控制应以控制人的因素为基本出发点。

【想对考生说】

本考点主要考核单项选择题，上述加注下划线部分都可能为采分点。

2．原材料与工程设备的质量控制

（1）监理机构有权拒绝承包人提供的不合格材料或工程设备，并要求承包人立即进行更换。监理机构应在更换后再次进行检查和检验，由此增加的费用和（或）工期延误由承包人承担。

（2）监理机构发现承包人使用了不合格的材料和工程设备，应及时发出指示要求承包人立即改正，并禁止在工程中继续使用不合格的材料和工程设备。

（3）监理机构未按合同约定派员参加原材料、工程设备和工程试验和检验的，除监理机构另有指示外，承包人可自行试验和检验，并应立即将试验和检验结果报送监理机构，监理机构应签字确认。

（4）监理机构对承包人的试验和检验结果有疑问的，或为查清承包人试验和检验成果的可靠性要求承包人重新试验和检验的，可按合同约定由监理机构与承包人共同

进行。重新试验和检验的结果证明该项材料、工程设备或工程的质量不符合合同要求的，由此增加的费用和（或）工期延误由承包人承担；重新试验和检验结果证明该项材料、工程设备和工程符合合同要求，由发包人承担由此增加的费用和（或）工期延误，并支付承包人合理利润。

（5）除专用合同条款另有约定外，水工金属结构、启闭机及机电产品进场后，监理机构组织发包人按合同进行交货和验收。

3．施工机械设备的质量控制

监理机构应着重从施工设备的选择、使用管理和保养、施工设备性能参数的要求等单个方面予以控制。

施工设备选择主要包括设备形式的选择和主要性能参数的选择两方面。

4．施工方法的质量控制

方法控制包含工程项目整个建设周期内所采取的技术方案、工艺流程、组织措施、检测手段、施工组织设计等的控制。

5．环境因素的质量控制

环境因素的质量控制如图 1-3-6 所示。

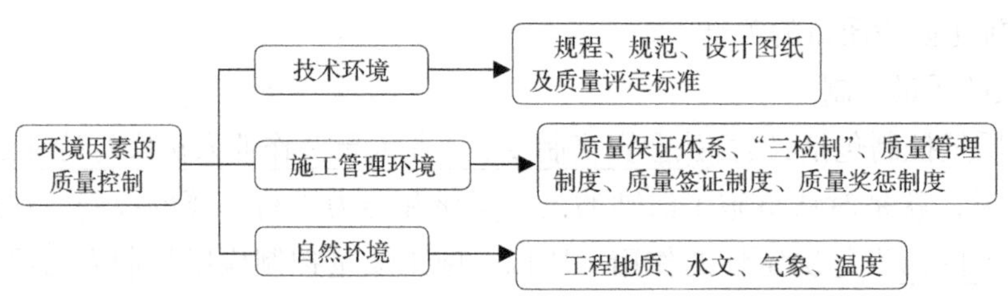

图 1-3-6　环境因素的质量控制

【还会这样考】

1．在施工质量管理中，以控制人的因素为基本出发点而建立的管理制度是（　）。

A．见证取样制度　　B．专项施工方案论证制度

C．执业资格制度　　D．建设工程质量监督管理制度

【答案】C。

2．在施工质量管理中，起决定性作用的影响因素是（　）。

A．人　　B．材料

C．机械　　D．方法

【答案】A。

3．为查清承包人试验和检验成果的可靠性要求承包人重新试验和检验的，结果证明该项材料、工程设备和工程符合合同要求，由（　）承担由此增加的费用和（或）工期延误，并支付承包人合理利润。

A．承包人　　B．发包人

C．监理机构和承包人共同　　D．监理机构和发包人共同

【答案】B。

4．下列施工质量控制中，属于施工管理环境因素的有（　）。

A．质量管理制度　　B．三检制

C．管理者的质量意识　　D．运输设备的使用状况

E．施工现场的道路条件

【答案】AB。

第四章 工程质量检验与验收

第一节　抽样检验原理

一、抽样检验的分类

【考生必掌握】

1．按统计抽样检验的目的分类

三种类型：预防性抽样检验、验收性抽样检验、监督抽样检验。

2．按单位产品的质量特征分类

两种类型：计量型抽样检验和计数型抽样检验。计量型抽样检验的质量特性包括重量、强度、几何尺寸、标高、位移等。

3．按抽取样本的次数分类

四种类型：一次、二次、多次和序贯抽样检验，具体见表 1-4-1。

一次、二次、多次和序贯抽样检验　　表 1-4-1

类型	参数	操作程序
一次抽样检验	3 个	(N, n, C) → 随机抽取 n 件检验出 d 件不合格品 → 若 $d \leqslant C$，判定该批合格；若 $d > C$，判定该批不合格
二次抽样检验	5 个	(N, n_1, n_2, C_1, C_2) → 在 N 中随机抽取 n_1 件，检验出 d_1 件不合格品 → 若 $d_1 \leqslant C_1$，判定为合格；若 $C_1 < d_1 \leqslant C_2$，则再抽取 n_2 件，检验出 d_2 件不合格品；若 $d_1 > C_2$，判定不合格 → 若 $d_1+d_2 \leqslant C_2$，判定为合格；若 $d_1+d_2 > C_2$，判定为不合格

续表

类型	参数	操作程序
多次抽样检验	—	允许通过三次以上的抽样最终对一批产品合格与否进行判断
序贯抽样检验	—	事先不规定抽样次数，每次只抽一个单位产品，即样本量为 1，据累计不合格品数判定批合格 / 不合格还是继续抽样时适用

4．按抽样方案的制定原理分类

三种类型：标准型抽样方案、挑选型抽样方案、调整型抽样方案。

【想对考生说】

抽样检验是建立在数理统计基础上的，它必然会存在着风险：

（1）第一类风险：弃真错误。即：合格批被判定为不合格批，其概率记为 α。此类错误对生产方或供货方不利。

（2）第二类风险：存伪错误。即：不合格批被判定为合格批，其概率记为 β。此类错误对用户不利。

【还会这样考】

1．计数型一次抽样检验方案为（N，n，C），其中 N 为送检批的大小，n 为抽样的样本数大小，C 为合格判定数，若发现 n 中有 d 件不合格品，当（　）时，该送检批合格。

A．$d = C+1$　　　　B．$d < C+1$

C．$d > C$　　　　D．$d \leqslant C$

【答案】D。

2．某产品质量检验采用计数型二次抽样检验方案，已知 $N = 1000$，$n_1 = 40$，$n_2 = 60$，$C_1 = 1$，$C_2 = 4$，经二次抽样检得 $d_1 = 2$，$d_2 = 3$。则正常的结论是（　）。

A．经第一次抽样检验即可判定该批产品质量合格

B．经第一次抽样检验即可判定该批产品质量不合格

C．经第二次抽样检验即可判定该批产品质量合格

D．经第二次抽样检验即可判定该批产品质量不合格

【答案】D。

【解析】当二次抽样方案设为 $N = 1000$，$n_1 = 40$，$n_2 = 60$，$C_1 = 1$，$C_2 = 4$ 时，则需随机抽取第一个样本 $n_1 = 40$ 件产品进行检验，若所发现的不合格品数 d_1 为零，则判定该批产品合格；若 $d_1 > 3$，则判定该批产品不合格；若 $0 < d_1 \leqslant 3$（即在 $n_1 = 40$ 件产品中发现 1 件、2 件或 3 件不合格），本题中 $d_1 = 2$，则需继续抽取第二个样本 $n_2 = 60$ 件产品进行检验，得到 n_2 中不合格品数。若 $d_1+d_2 \leqslant 3$，则判定该批产品合格；若 $d_1+d_2 > 3$，则判定该批产品不合格。本题中 $d_1+d_2 = 2+3 = 5 > 3$，则判定该批产品不合格。

3．在抽样检验方案中，将合格批判定为不合格批而错误地拒收，属于（　）错误。

A．第一类　　B．第二类

C．第三类　　D．第四类

【答案】A。

二、抽样检验方法

【考生必掌握】

抽样检验方法见表 1-4-2。

抽样检验方法　　表 1-4-2

方法	概念	适用
简单随机抽样（纯随机、完全随机）	排除人的主观因素，直接从包含 N 个抽样单元的总体中按不放回抽样抽取 n 个单元，使包含 n 个个体的所有可能的组合被抽出的概率都相等的一种抽样方法	用于原材料、构配件的进货检验和分项工程、分部工程、单位工程完工后的检验。常借用随机数骰子或随机数表进行抽样
系统随机抽样（机械随机）	将总体中的抽样单元按某种次序排列，在规定的范围内随机抽取一个或一组初始单元，然后按一套规则确定其他样本单元的抽样方法	第一个样本随机抽取，然后每隔一定时间或空间抽取一个样本
分层随机抽样	将总体分割成互不重叠的子总体（层），在每层中独立地按给定的样本量进行简单随机抽样	适用于较复杂的情况
多阶段抽样（多级）	将各种单阶段抽样方法结合使用，通过多次随机抽样来实现的抽样方法	总体大，很难一次抽样完成预定的目标

【想对考生说】

抽样检验方法考查以概念题为主，应能区分各方法的适用情形。

【还会这样考】

1．将总体中的抽样单元按某种次序排列，在规定的范围内随机抽取一个或一组初始单元，然后按一套规则确定其他样本单元的抽样方法称为（　）。

A．简单随机抽样　　B．系统随机抽样

C．分层随机抽样　　D．多阶段抽样

【答案】B。

2．对总体不进行任何加工，直接进行随机抽样获取样本的方法称为（　）。

A．全数抽样　　B．简单随机抽样

C．整群抽样　　D．多阶段抽样

【答案】B。

第二节　工程质量检验与评定

一、常见原材料及中间产品的质量检验

【考生必掌握】

原材料及中间产品检测见表 1-4-3。

原材料及中间产品检测　　表 1-4-3

材料	检测频次	取样数量	取样方法
水泥	按同一生产厂家、同一等级、同一品种、同一批号且连续进场的水泥，袋装不超过 200t 为一批，散装不超过 500t 为一批，每批抽样不少于一次	≥ 12kg	散装水泥：从 20 个以上不同部位取等量样品。 袋装水泥：从抽取 20 袋水泥中取等量样品
细集料（进场检验）	以同产地、同规格 $400m^3$ 或 600t 为一批	20kg	在料堆上取样时，取样部位应均匀分布。先将表层铲除，然后由各部位抽取大致相等的砂共 8 份，组成一组样品
粗集料（进场检验）	以同产地、同规格 $400m^3$ 或 600t 为一批	60kg	在料堆上取样时，取样部位应均匀分布。先将表层铲除，然后由各部位抽取大致相等的石子共 15 份（在料堆的顶部、中部和底部各由均匀分布的 5 个不同部位取得）组成一组样品
钢筋	同一牌号、同一炉（罐）号、同一规格的钢筋，不超过 60t 为一批	2 根冷弯（300mm） 5 根冷弯（500mm）	任取 7 根钢筋，端头截去 500mm 后，各取拉伸、冷弯试件 1 根
混凝土抗压强度	大体积混凝土 $500m^3$ 取一组，非大体积混凝土 $100m^3$ 取一组	3 个试块	用于检查结构构件混凝土强度的试件，应在混凝土的浇筑地点随机抽取
砂浆抗压强度	不超过 $250m^3$ 砌体的各种类型及强度等级的砌筑砂浆，每台搅拌机应至少抽检 1 次	同一类型、强度等级的砂浆不应少于 3 组	在砂浆搅拌机出料口随机取样，同盘砂浆只应制作 1 组试块

【想对考生说】

注意检测频次中的数据，会考核数字型题目。

【还会这样考】

按同一生产厂家、同一等级、同一品种、同一批号且连续进场的水泥，袋装不超过（　）t 为一批。

A．200　　B．400

C．500　　D．600

【答案】 A。

二、普通混凝土物理力学性能试验

【考生必掌握】

普通混凝土物理力学性能包括抗压强度、抗拉强度、抗折强度、握裹强度、疲劳强度、静力受压弹性模量、收缩、徐变等。重点掌握普通混凝土立方体抗压强度试验方法。

混凝土立方体试件抗压强度按下式计算：

$$f_{cu}=\frac{P}{A}$$

式中 f_{cu}——混凝土立方体试件抗压强度，MPa；

P——破坏荷载，N；

A——试件承压面积，mm^2。

（1）取三个试件测值的算术平均值作为该组试件的抗压强度值。三个测值中的最大值或最小值中如有一个与中间值的差值超过中间值的15%时，则将最大及最小值一并舍除，取中间值为该组抗压强度值。如有两个测值与中间值的差值均超过中间值的15%，则该组试件的试验结果无效。

（2）取150mm×150mm×150mm试件的抗压强度值为标准值。用其他尺寸试件测得的强度值均应乘以尺寸换算系数，200mm×200mm×200mm试件换算系数为1.05，100mm×100mm×100mm试件换算系数为0.95。

【还会这样考】

一组混凝土立方体抗压强度试件测量值分别为42.3MPa、47.6MPa、54.9MPa时，该组试件的试验结果是（　）。

A．47.6MPa　　B．48.3MPa

C．51.3MPa　　D．无效

【答案】A。

三、土方填筑工程质量检验

【考生必掌握】

1．土料摊铺的检验

（1）填筑作业应按水平层次铺填，不得顺坡填筑，分段作业面的最小长度，机械作业不应小于100m，人工作业不应小于50m，应分层统一铺土，统一碾压，严禁出现界沟。

（2）堤身土体必须分层填筑，铺料厚度和土块直径的限制尺寸应符合规范要求。

（3）铺料时应在设计边线外侧各超填一定余量，人工铺料宜大于10cm，机械铺料宜大于30cm。

2．碾压施工质量及压实度的检验

（1）碾压机械行走方向应平行于填筑面轴线。

（2）分段、分片碾压，相邻作业面的搭接碾压宽度，平行填筑面轴线方向不应小于 0.5m，垂直填筑面轴线方向不应小于 1.5m。

（3）拖拉机带碾磙或振动碾压实作业，宜采用进退错距法，碾迹搭压宽度应大于 10cm。铲运机兼作压实机械时，宜采用轮迹排压法，轮迹应搭压轮宽的 1/3。

（4）机械碾压时应控制行车速度，以不超过下列规定为宜，平碾为 2km/h，振动碾为 2km/h，铲运机为 2 挡。

（5）机械碾压不到的部位，应辅以夯具夯实。夯实时应采用连环套打法，夯迹双向套压，夯压夯 1/3，行压行 1/3；分段、分片夯实时，夯迹搭压宽度应不小于 1/3 夯径。

【还会这样考】

关于土方填筑工程质量检验的说法，正确的有（　　）。

A．填筑作业应按顺坡填筑

B．分段作业面的最小长度，机械作业不应小于 100m

C．堤身土体必须分层填筑

D．垂直填筑面轴线方向不应小于 1.0m

E．拖拉机带碾磙或振动碾压实作业，宜采用进退错距法

【答案】BCE。

四、项目划分原则

【考生必掌握】

项目划分的原则见表 1-4-4。

项目划分的原则　　表 1–4–4

项目	划分原则
单位工程	（1）枢纽工程，一般以每座独立的建筑物为一个单位工程。当工程规模大时，可将一个建筑物中具有独立施工条件的一部分划分为一个单位工程。 （2）堤防工程，按招标标段或工程结构划分单位工程。可将规模较大的交叉联结建筑物及管理设施以每座独立的建筑物划分为一个单位工程。 （3）引水（渠道）工程，按招标标段或工程结构划分单位工程。可将大、中型（渠道）建筑物以每座独立的建筑物划分为一个单位工程。 （4）除险加固工程，按招标标段或加固内容，并结合工程量划分单位工程
分部工程	（1）枢纽工程，土建部分按设计的主要组成部分划分；金属结构及启闭机安装工程和机电设备安装工程按组合功能划分。 （2）堤防工程，按长度或功能划分。 （3）引水（渠道）工程中的河（渠）道按施工部署或长度划分。大、中型建筑物按工程结构主要组成部分划分。 （4）除险加固工程，按加固内容或部位划分

续表

项目	划分原则
单元工程	单元工程是在分部工程中由几个工序（或工种）施工完成的最小综合体，是日常考核工程质量的基本单位。 （1）按《水利水电建设工程单元工程施工质量验收评定标准》（简称《单元工程评定标准》）规定进行划分。 （2）河（渠）道开挖、填筑及衬砌单元工程划分界线宜设在变形缝或结构缝处，长度一般不大于100m。同一分部工程中各单元工程的工程量（或投资）不宜相差太大。 （3）《单元工程评定标准》中未涉及的单元工程可依据工程结构、施工部署或质量考核要求，按层、块、段进行划分

【想对考生说】

（1）该考点属于基础内容，应注意区分不同单位工程中的划分原则。

（2）同一单位工程中，各个分部工程的工程量（或投资）不宜相差太大，每个单位工程中的分部工程数目，不宜少于5个。

【还会这样考】

1.【2021年真题】水利工程质量评定的基础单位是（　）。

A．水利工程项目　　B．分部工程

C．单位工程　　D．单元工程

【答案】D。

2．水利水电工程项目划分中，具有独立发挥作用或独立施工条件的建筑物为（　）。

A．单位工程　　B．分部工程

C．单项工程　　D．单元工程

【答案】A。

3．同一单位工程中，各个分部工程的工程量（或投资）不宜相差太大，每个单位工程中的分部工程数目，不宜少于（　）个。

A．5　　B．6

C．8　　D．10

【答案】A。

五、施工质量评定工作的组织要求

【考生必掌握】

施工质量评定工作的组织要求见表1-4-5。

施工质量评定工作的组织要求　　表 1-4-5

项目	组织要求
单元（工序）工程质量	在施工单位自评合格后，报监理单位复核，由监理工程师核定质量等级并签证认可
重要隐蔽单元工程及关键部位单元工程质量	经施工单位自评合格、监理单位抽检后，由项目法人（或委托监理）、监理、设计、施工、工程运行管理（施工阶段已经有时）等单位组成联合小组，共同检查核定其质量等级并填写签证表，报工程质量监督机构核备
分部工程质量	在施工单位自评合格后，报监理单位复核，项目法人认定。分部工程验收的质量结论由项目法人报质量监督机构核备。大型枢纽工程主要建筑物的分部工程验收的质量结论由项目法人报工程质量监督机构核定
单位工程质量	在施工单位自评合格后，由监理单位复核，项目法人认定。单位工程验收的质量结论由项目法人报质量监督机构核定
工程外观质量	单位工程完工后，项目法人组织监理、设计、施工及工程运行管理等单位组成工程外观质量评定组，进行工程外观质量检验评定并将评定结论报工程质量监督机构核定。参加工程外观质量评定的人员应具有工程师以上技术职称或相应执业资格。评定组人数应不少于5人，大型工程宜不少于7人
工程项目质量	在单位工程质量评定合格后，由监理单位进行统计并评定工程项目质量等级，经项目法人认定后，报质量监督机构核定

【想对考生说】

本考点最重要的采分点就是区分哪些工程质量需要核备，哪些工程质量需要核定。

【还会这样考】

1．根据《水利水电工程施工质量检验与评定规程》SL 176—2007，某中型水闸工程外观质量评定组人数至少应为（　）人。

A．3　　B．5

C．7　　D．9

【答案】B。

2．水利水电工程施工质量评定结论须报质量监督机构核备的有（　）。

A．重要隐蔽单元工程　　B．关键部位单元工程

C．单位工程　　D．工程外观

E．工程项目

【答案】AB。

六、工程施工质量的评定校准

【考生必掌握】

工程施工质量的评定校准见表 1-4-6。

工程施工质量的评定标准 表 1-4-6

项目	合格标准	优良标准
单元（工序）工程	（1）单元（工序）工程施工质量评定标准按照《单元工程评定标准》或合同约定的合格标准执行。 （2）单元（工序）工程质量达不到合格标准时，应及时处理。处理后的质量等级按下列规定重新确定： ①全部返工重做的，可重新评定质量等级。 ②经加固补强并经设计和监理单位鉴定能达到设计要求时，其质量评为合格。 ③处理后的工程部分质量指标仍达不到设计要求时，经设计复核，项目法人及监理单位确认能满足安全和使用功能要求，可不再进行处理；或经加固补强后，改变了外形尺寸或造成工程永久性缺陷的，经项目法人、监理及设计单位确认能基本满足设计要求，其质量可定为合格，但应按规定进行质量缺陷备案	全部返工重做的单元工程，经检验达到优良标准时，可评为优良等级
分部工程	（1）所含单元工程的质量全部合格。质量事故及质量缺陷已按要求处理，并经检验合格。 （2）原材料、中间产品及混凝土（砂浆）试件质量全部合格，金属结构及启闭机制造质量合格，机电产品质量合格	（1）所含单元工程质量全部合格，其中 70% 以上达到优良等级，主要单元工程以及重要隐蔽单元工程（关键部位单元工程）质量优良率达 90% 以上，且未发生过质量事故。 （2）中间产品质量全部合格，混凝土（砂浆）试件质量达到优良等级（当试件组数小于 30 时，试件质量合格）。原材料质量、金属结构及启闭机制造质量合格，机电产品质量合格
单位工程	（1）所含分部工程质量全部合格。 （2）质量事故已按要求进行处理。 （3）工程外观质量得分率达到 70% 以上。 （4）单位工程施工质量检验与评定资料基本齐全。 （5）工程施工期及试运行期，单位工程观测资料分析结果符合国家和行业技术标准以及合同约定的标准要求	（1）所含分部工程质量全部合格，其中 70% 以上达到优良等级，主要分部工程质量全部优良，且施工中未发生过较大质量事故。 （2）质量事故已按要求进行处理。 （3）外观质量得分率达到 85% 以上。 （4）单位工程施工质量检验与评定资料齐全。 （5）工程施工期及试运行期，单位工程观测资料分析结果符合国家和行业技术标准以及合同约定的标准要求
工程项目	（1）单位工程质量全部合格。 （2）工程施工期及试运行期，各单位工程观测资料分析结果均符合国家和行业技术标准以及合同约定的标准要求	（1）单位工程质量全部合格，其中 70% 以上单位工程质量达到优良等级，且主要单位工程质量全部优良。 （2）工程施工期及试运行期，各单位工程观测资料分析结果均符合国家和行业技术标准以及合同约定的标准要求

【还会这样考】

1．根据《水利水电工程施工质量检验与评定规程》SL 176—2007，分部工程质量优良，其单元工程优良率至少应在（ ）以上。

A．50% B．60%

C．70% D．80%

【答案】C。

2．根据《水利水电工程单元工程施工质量验收评定标准》，水利工程质量检验项目包括（　）。

A．主控项目　　B．一般项目

C．保证项目　　D．基本项目

E．允许偏差项目

【答案】AB。

【想对考生说】

考查时一般是根据所给条件，判断质量评定结论，应能区分单元、分部、单位以及工程项目的判别标准。

加注下划线部分中的数字一定要牢记，会作为判断合格或优良标准的依据。

水利水电工程项目优良率的计算：

$$单元工程优良率=\frac{单元工程优良个数}{单元工程总数}\times 100\%$$

$$分部工程优良率=\frac{分部工程优良个数}{分部工程总数}\times 100\%$$

$$单位工程优良率=\frac{单位工程优良个数}{单位工程总数}\times 100\%$$

第三节　工程验收

【考生必掌握】

水利工程建设项目验收按验收主持单位性质不同分为法人验收和政府验收两类。政府验收包括专项验收、阶段验收和竣工验收。

项目法人验收的具体内容见表 1-4-7。

水利工程项目法人验收　　表 1-4-7

类型	主持	决定是否验收的时间	验收组成员	工作组成员规定
分部工程验收	项目法人（或委托监理单位）	项目法人应在验收申请报告之日起 10 个工作日内决定是否同意进行验收	由项目法人、勘测、设计、监理、施工、主要设备制造（供应）商等单位的代表组成	大型工程分部工程验收工作组成员应具有中级及其以上技术职称或相应执业资格；其他工程的验收工作组成员应具有相应的专业知识或执业资格。参加分部工程验收的每个单位代表人数不宜超过 2 名

续表

类型	主持	决定是否验收的时间	验收组成员	工作组成员规定
单位工程验收	项目法人	项目法人应在验收申请报告之日起10个工作日内决定是否同意进行验收	由项目法人、勘测、设计、监理、施工、主要设备制造（供应）商、运行管理等单位的代表组成	单位工程验收工作组成员应具有中级及其以上技术职称或相应执业资格，每个单位代表人数不宜超过3名
合同完工验收	项目法人	项目法人应在验收申请报告之日起20个工作日内决定是否同意进行验收	由项目法人以及与合同工程有关的勘测、设计、监理、施工、主要设备制造（供应）商等单位的代表组成	—
阶段验收	竣工验收单位或其委托的单位	—	由验收主持单位、质量和安全监督机构、运行管理单位的代表以及有关专家组成；必要时，可邀请地方人民政府以及有关部门参加	—

政府验收包括专项验收、阶段验收和竣工验收。

（1）政府验收主持单位，见表1-4-8。

政府验收主持单位 **表 1-4-8**

项目	竣工验收主持单位
除国家重点水利工程建设项目外，在国家确定的重要江河、湖泊建设的流域控制性工程、流域重大骨干工程建设项目	竣工验收主持单位为水利部
水利部或者流域管理机构负责初步设计审批的中央项目	竣工验收主持单位为水利部或者流域管理机构
水利部负责初步设计审批的地方项目，以中央投资为主的	竣工验收主持单位为水利部或者流域管理机构
水利部负责初步设计审批的地方项目，以地方投资为主的	竣工验收主持单位为省级人民政府（或者其委托的单位）或者省级人民政府水行政主管部门（或者其委托的单位）
地方负责初步设计审批的项目	竣工验收主持单位为省级人民政府水行政主管部门（或者其委托的单位）

（2）专项验收，见表1-4-9。

专项验收 **表 1-4-9**

项目	竣工验收主持单位
专项验收的内容	进行环境保护、水土保持、移民安置以及工程档案等专项验收
专项验收成果文件	项目法人应当自收到专项验收成果文件之日起10个工作日内，将专项验收成果文件报送竣工验收主持单位备案。专项验收成果文件是阶段验收或者竣工验收成果文件的组成部分

（3）阶段验收，见表 1-4-10。

阶段验收　　表 1-4-10

项目	竣工验收主持单位
何时进行阶段验收	工程建设进入枢纽工程导（截）流、水库下闸蓄水、引（调）排水工程通水、首（末）台机组启动等关键阶段
验收委员会	由验收主持单位、该项目的质量监督机构和安全监督机构、运行管理单位的代表以及有关专家组成；必要时，应当邀请项目所在地的地方人民政府以及有关部门参加。工程参建单位是被验收单位，应当派代表参加阶段验收工作
制作阶段验收鉴定书	验收主持单位应当自阶段验收通过之日起 30 个工作日内，制作阶段验收鉴定书，发送参加验收的单位并报送竣工验收主持单位备案。阶段验收鉴定书是竣工验收的备查资料

（4）竣工验收，见表 1-4-11。

竣工验收　　表 1-4-11

项目	竣工验收主持单位
竣工验收时间	应当在工程建设项目全部完成并满足一定运行条件后 1 年内进行，经竣工验收主持单位同意，可以适当延长期限，但最长不得超过 6 个月
竣工财务决算	应当由竣工验收主持单位组织审查和审计。竣工财务决算审计通过 15 日后，方可进行竣工验收
申请	工程具备竣工验收条件的，项目法人应当提出竣工验收申请，经法人验收监督管理机关审查后报竣工验收主持单位
决定是否同意进行	竣工验收主持单位应当自收到竣工验收申请之日起 20 个工作日内决定是否同意进行竣工验收
竣工技术预验收	大型水利工程在竣工技术预验收前，项目法人应当按照有关规定对工程建设情况进行竣工验收技术鉴定。中型水利工程在竣工技术预验收前，竣工验收主持单位可以根据需要决定是否进行竣工验收技术鉴定。 竣工技术预验收由竣工验收主持单位以及有关专家组成的技术预验收专家组负责。 工程参建单位的代表应当参加技术预验收，汇报并解答有关问题
竣工验收委员会	由竣工验收主持单位、有关水行政主管部门和流域管理机构、有关地方人民政府和部门、该项目的质量监督机构和安全监督机构、工程运行管理单位的代表以及有关专家组成。工程投资方代表可以参加竣工验收委员会
验收前准备工作	项目法人全面负责竣工验收前的各项准备工作，设计、施工、监理等工程参建单位应当做好有关验收准备和配合工作，派代表出席竣工验收会议，负责解答验收委员会提出的问题，并作为被验收单位在竣工验收鉴定书上签字
制作竣工验收鉴定书	竣工验收主持单位应当自竣工验收通过之日起 30 个工作日内，制作竣工验收鉴定书，并发送有关单位。竣工验收鉴定书是项目法人完成工程建设任务的凭据

【想对考生说】

（1）注意区分验收主持单位以及验收组成员。

（2）掌握竣工验收的规定，会考核单项选择题。

【还会这样考】

1．根据《水利水电建设工程验收规程》SL 223—2008，项目法人应在收到合同工程完工验收申请报告之日起（　）个工作日内，决定是否同意验收。

A．10　　B．15

C．20　　D．30

【答案】C。

2．某水库工程验收工作中，属于政府验收的是（　）验收。

A．分部工程　　B．单位工程

C．合同工程完工　　D．下闸蓄水

【答案】D。

3．根据《水利水电建设工程验收规程》SL 223—2008，若工程建设项目不能按期进行竣工验收的，经竣工验收主持单位同意，可适当延长期限，最长可延期（　）个月。

A．12　　B．6

C．4　　D．3

【答案】B。

4．根据《水利水电建设工程验收规程》SL 223—2008，质量监督机构的代表应该参加（　）验收委员会或工作组。

A．分部工程　　B．单位工程

C．合同工程完工　　D．阶段

【答案】D。

第四节　缺陷责任期质量控制

【考生必掌握】

缺陷责任期的概念、承包人的质量责任、监理机构质量控制任务和终止证书的内容见表 1-4-12。

缺陷责任期　　表 1-4-12

项目	内容
概念	一般从工程通过合同工程完工验收之日起，或部分工程通过投入使用验收之日起开始计算，至有关规定或施工合同约定的缺陷责任终止的时段
提前验收	若未投入使用，其缺陷责任期从工程通过合同工程完工验收后开始计算； 若已投入使用，其缺陷责任期从通过单位工程或部分工程投入使用验收后开始计算
延长缺陷责任期	由于承包人原因造成某项缺陷或损坏使某项工程或工程设备不能按原定目标使用而需要再次检查、检验和修复的，发包人有权要求承包人相应延长缺陷责任期

续表

项目	内容
期限	最长不超过2年
终止证书	缺陷责任期满后30个工作日内，发包人应向承包人颁发工程质量缺陷责任终止证书，并退还剩余的质量保证金，但缺陷责任范围内的质量缺陷未处理完成的应除外
监理机构质量控制任务	（1）监理机构应监督承包人按计划完成尾工项目，协助发包人验收尾工项目，并按合同约定办理付款签证。 （2）监理机构应监督承包人对已完工程项目中所存在的施工质量缺陷进行修复。在承包人未能执行监理机构的指示或未能在合理时间内完成修复工作时，监理机构可建议发包人雇用他人完成施工质量缺陷修复工作，按合同约定确定责任及费用的分担。 （3）根据工程需要，监理机构在缺陷责任期可适时调整人员和设施，保留必要的除外，其他人员和设施应撤离，或按照合同约定将设施移交发包人

【想对考生说】

（1）“2年”“30个工作日”是很可能考核的采分点。

（2）一定要区分未投入使用和已投入使用的缺陷责任期开始计算的时间点。

（3）监理机构在缺陷责任期需要做哪些工作，也是考生需要掌握的。

【还会这样考】

1. 在合同工程完工验收前，已经发包人提前验收的部分工程已投入使用，其缺陷责任期从（　　）开始计算。

A. 合同工程完工验收之日起　　B. 通过部分工程投入使用之日起

C. 合同工程完工之日起　　D. 部分工程验收之日起

【答案】B。

2. 由于承包人原因造成工程设备不能按原定目标使用而需要再次检查、检验和修复，发包人要求承包人相应延长缺陷责任期，但缺陷责任期最长不超过（　　）年。

A.1　　B.2

C.3　　D.4

【答案】B。

第五章 工程质量事故处理

第一节 工程质量事故分类

【考生必掌握】

水利工程质量事故按直接经济损失的大小，检查、处理事故对工期的影响时间长短和对工程正常使用的影响，分为一般质量事故、较大质量事故、重大质量事故、特大质量事故。

水利工程质量事故具体分类标准见表 1-5-1。

水利工程质量事故具体分类标准　表 1-5-1

损失情况＼事故类别		特大质量事故	重大质量事故	较大质量事故	一般质量事故
事故处理所需的物资、器材和设备、人工等直接损失费（人民币万元）	大体积混凝土，金属结构制作和机电安装工程	＞3000	＞500 ≤3000	＞100 ≤500	＞20 ≤100
	土石方工程、混凝土薄壁工程	＞1000	＞100 ≤1000	＞30 ≤100	＞10 ≤30
事故处理所需合理工期（月）		＞6	＞3 ≤6	＞1 ≤3	≤1
事故处理后对工程和寿命影响		影响工程正常使用，需限制条件使用	不影响工程正常使用，但对工程寿命有较大影响	不影响工程正常使用，但对工程寿命有一定影响	不影响工程正常使用和工程寿命

【想对考生说】

4 类事故中，除特大质量事故外，其他 3 类事故经处理均不影响工程正常使用。

注意：小于一般质量事故的质量问题称为质量缺陷。

该考点如果在案例分析题中考查，可能会是问答题，根据背景资料中给出的条件，判断质量事故等级。

【还会这样考】

1．某水电站进水口边坡施工中发生质量事故，经调查，事故造成直接经济损失约20万元，处理后不影响工程正常使用和寿命。根据有关规定，该事故属于（　）。

A．重大质量事故　B．较大质量事故

C．一般质量事故　D．质量缺陷

【答案】C。

2．经处理后不影响工程正常使用的质量问题包括（　）。

A．质量缺陷　B．一般质量事故

C．较大质量事故　D．重大质量事故

E．特大质量事故

【答案】ABCD。

第二节　工程质量事故处理程序与方法

一、工程质量事故分析处理程序

【考生必掌握】

工程质量事故分析处理程序如图1-5-1所示。

【想对考生说】

（1）注意暂停施工指示和复工通知由总监理工程师下达。

（2）事故报告时限要注意，可能会考核数字题目。发生（发现）较大、重大和特大质量事故，事故单位要在48h内向有关单位写出书面报告；突发性事故，事故单位要在4h内电话向有关单位报告。

（3）事故报告的6项内容可能会作为多项选择题采分点。注意与事故处理报告的内容相区分。

（4）事故调查组的6项主要任务可能会作为多项选择题采分点。

（5）记住一句话：事故处理需要进行设计变更的，需原设计单位或有资质的单位提出设计变更方案。需要进行重大设计变更的，必须经原设计审批部门审定后实施。

【还会这样考】

1．提出水利工程重大质量事故书面报告的时限为（　）h内。

A．4　B．12　C．24　D．48

【答案】D。

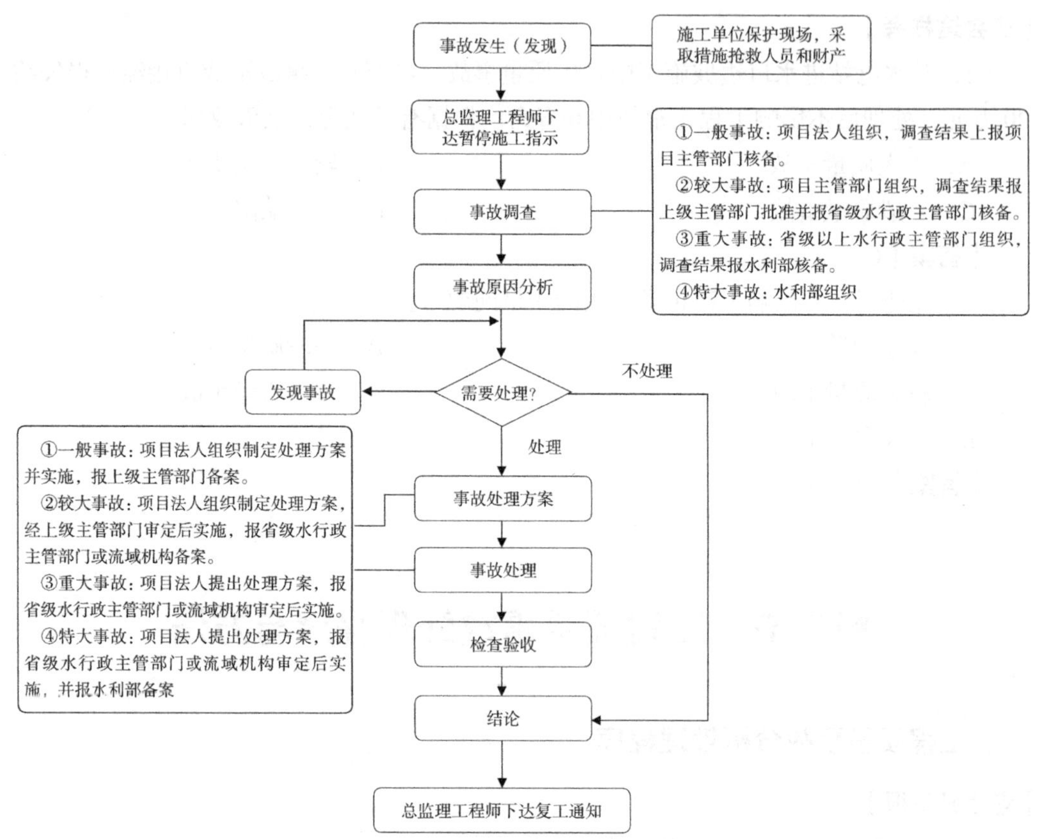

图 1–5–1　工程质量事故分析处理程序

2. 水利工程质量事故报告的内容包括（　）。

A. 事故发生的时间、地点、工程部位

B. 事故发生的简要经过、伤亡人数和直接经济损失的初步估计

C. 事故发生原因初步分析

D. 事故的技术处理和责任处理

E. 事故原因分析、论证

【答案】 ABC。

3. 发生质量事故，应按照规定的权限组织调查组进行调查，下列属于事故调查组主要任务的有（　）。

A. 查明事故发生的原因、过程、财产损失情况和对后续工程的影响

B. 组织专家进行技术鉴定

C. 查明事故的责任单位和主要责任者应负的责任

D. 对责任单位和责任者进行处罚

E. 提交事故调查报告

【答案】 ABCE。

二、工程质量事故处理的依据和原则

【考生必掌握】

1. 工程质量事故处理的主要依据

工程质量事故处理的主要依据如图 1-5-2 所示。

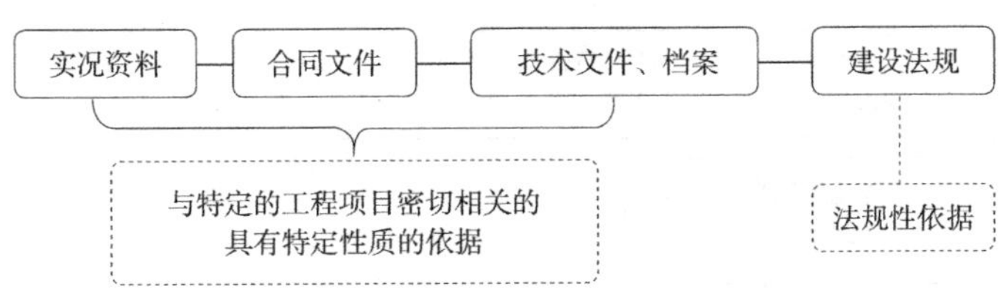

图 1-5-2　工程质量事故处理的主要依据

2. 工程质量事故处理原则

“三不放过原则”：事故原因不查清楚不放过、主要事故责任者和职工未受教育不放过、补救和防范措施不落实不放过的原则。

【想对考生说】

应注意：由质量事故而造成的损失费用，坚持谁该承担事故责任，由谁负责的原则。

【还会这样考】

1. 水利工程质量事故处理坚持“三不放过”原则，其中不包括（　）。

A. 事故调查不及时不放过

B. 事故原因不查清楚不放过

C. 补救和防范措施不落实不放过

D. 主要事故责任者和职工未受到教育不放过

【答案】A。

2. 下列工程资料中，可以作为水利工程质量事故处理依据的有（　）。

A. 质量事故的状况资料　　B. 设计委托合同

C. 监理合同　　D. 技术文件、档案

E. 工程竣工报告

【答案】ABCD。

第三节　工程质量事故原因分析

【考生必掌握】

工程质量事故原因如图 1-5-3 所示。

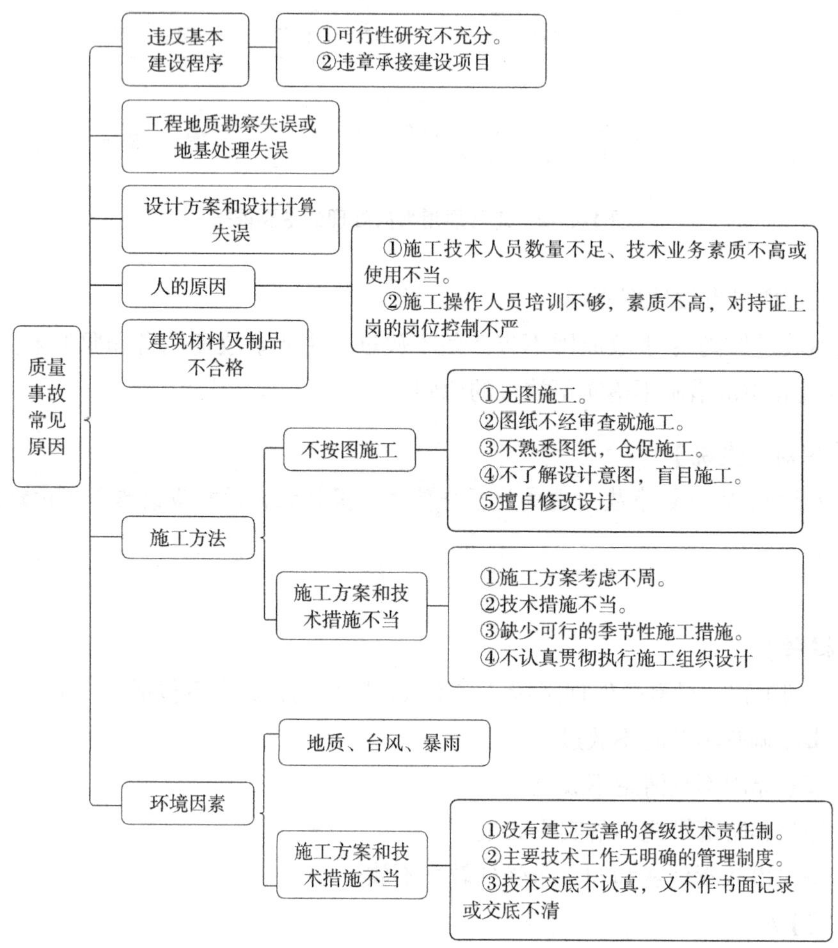

图 1-5-3　工程质量事故原因

【想对考生说】

在这些成因里重点区分违反基本建设程序和施工原因。这部分内容会有两种考查题型：

一是判断备选项中的具体成因属于哪种类型的成因。具体成因会相互作为干扰选项出现。

二是题干中给出具体的成因，判断属于哪种类型的成因。

【还会这样考】

下列可能导致工程质量事故的因素中，属于施工方法问题的是（ ）。

A. 越级设计工程 B. 对明显的节理裂缝重视不够

C. 无图施工 D. 主要技术工作无管理制度

【答案】C。

第四节 工程质量事故处理方案及鉴定验收

一、工程质量事故处理方案的确定

【考生必掌握】

工程质量事故处理方案三个类型：修补处理、返工处理和不作处理，下面着重介绍不作处理的情况。

通常可以不用专门处理的情况有以下几种：

（1）不影响结构安全、生产工艺和使用要求。

（2）检验中的质量问题，经论证后可不作处理。

（3）轻微的质量缺陷，通过后续工序可以弥补的。

（4）出现的质量问题，经复核验算，仍能满足设计要求。

【想对考生说】

本考点在考核时可能会有两种题型：

（1）给出某工程质量事故的具体情形，判断应采用哪种处理方案。

（2）考核不作处理的情形。

【还会这样考】

1. 某防洪堤坝填筑压实后，其压实土的干密度未达到规定值，经核算将影响土体的稳定且不满足抗渗能力要求，应采取的方案是（ ）。

A. 返工处理 B. 补强处理

C. 不作处理 D. 延后处理

【答案】A。

2. 某批混凝土试块经检测发现其强度值低于规范要求，后经法定检测单位对混凝土实体强度进行检测后，其实际强度达到规范允许和设计要求。这一质量事故宜采取的处理方法是（ ）。

A. 加固处理 B. 修补处理

C. 不作处理 D. 返工处理

【答案】C。

二、质量问题处理的鉴定验收

【考生必掌握】

质量问题处理是否达到预期的目的，是否留有隐患，需要通过检查验收来作出结论。事故处理之后，必须提交完整的事故处理报告。

> 【想对考生说】
>
> 工程质量事故处理的鉴定验收，包括检查验收、必要的鉴定、验收结论。考查以单项选择题为主。

【还会这样考】

工程质量事故处理完毕进行鉴定验收，监理工程师应（　）。

A．办理验收手续

B．组织各有关单位会签

C．作出验收鉴定结论

D．拒绝处理后不满足要求工程的验收

E．进行检测鉴定

【答案】ABCD。

第六章 工程质量控制统计分析

第一节 质量控制统计分析的基本知识

一、质量数据的特征值

【考生必掌握】

质量数据的特征值如图 1-6-1 所示。

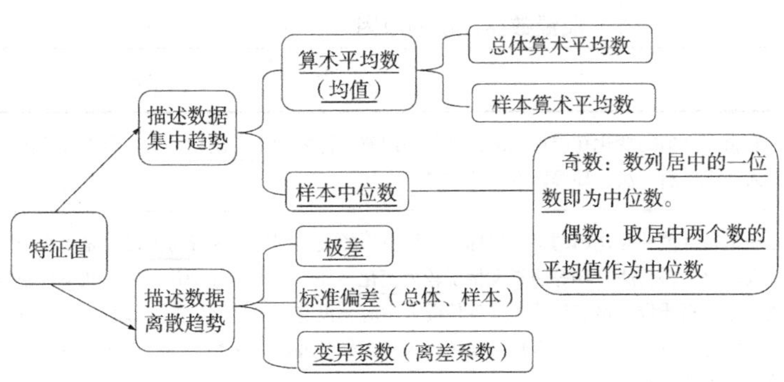

图 1-6-1 质量数据的特征值

【想对考生说】

质量数据的特征值包括描述数据集中趋势的特征值和描述数据离散趋势的特征值，考试时相互作为干扰选项出现。

【还会这样考】

1.【2021 年真题】材料强度测定值分别为 21.0、23.4、19.2、19.6、20.4、21.6（单位：MPa），则该材料的中位数为（　）。

A. 19.4MPa　　B. 20.2MPa

C. 20.7MPa　　D. 20.9MPa

【答案】C。

【解析】材料强度测定值按数值大小有序排列：19.2、19.6、20.4、21.0、21.6、23.4，则该材料的中位数为：（20.4+21.0）/2=20.7MPa。

2．下列质量数据特征值中，用来描述数据集中趋势的是（　）。

A．极差　　B．标准偏差

C．样本中位数　　D．变异系数

【答案】C。

3．下列特征值中，描述质量特性数据离散程度的有（　）。

A．总体算数平均数　　B．样本算术平均数

C．样本中位数　　D．总体标准偏差

E．变异系数

【答案】DE。

二、质量数据的分布规律

【考生必掌握】

质量数据波动的原因分为偶然性原因和系统性原因，具体内容见表 1-6-1。

质量数据波动的原因　　表 1-6-1

原因	内容
偶然性原因	质量特性值的变化在质量标准允许范围内波动称之为正常波动，是由偶然性原因引起的。 人、机、料、法、环等因素的这类微小变化
系统性原因	质量特性值的变化超越了质量标准允许范围的波动则称之为异常波动，是由系统性原因引起的。 人、机、料、法、环等因素发生了较大变化，如工人未遵守操作规程、机械设备发生故障或过度磨损、原材料质量规格有显著差异等情况发生时，没有及时排除，生产过程则不正常，产品质量数据就会离散过大或与质量标准有较大偏离，表现为异常波动，次品、废品产生。这就是产生质量问题的系统性原因或异常原因

【考生这样记】

偶然小正常、系统大异常。

【想对考生说】

一般计量值数据服从正态分布，计件值数据服从二项分布，计点值数据服从泊松分布等。实践中只要是受许多起微小作用的因素影响的质量数据，都可认为是近似服从正态分布的。

【还会这样考】

1．下列造成质量波动的原因中，属于偶然性原因的是（　）。

A．现场温湿度的微小变化　　B．机械设备过度磨损

C．材料质量规格显著差异　　D．工人未遵守操作规程

【答案】A。

2．质量特性值的变化超越了质量标准允许范围的波动是由（　）原因引起的。

A．相关性　　B．异常性

C．偶然性　　D．系统性

【答案】D。

第二节　工程质量分析方法

一、工程质量统计分析方法的用途

【考生必掌握】

工程质量统计分析方法的用途见表 1-6-2。

工程质量统计分析方法的用途　　表 1-6-2

统计方法	用途
直方图法	（1）了解产品质量的波动情况。 （2）掌握质量特性的分布规律。 （3）估算施工生产过程总体的不合格品率，评价过程能力
控制图法	分析判断生产过程是否处于稳定状态
排列图法	寻找影响质量主次因素。通常按累计频率划分为三部分：A 类（0 ~ 80%），主要因素；B 类（80% ~ 90%），次要因素；C 类（90% ~ 100%），一般因素。 其主要应用有： （1）分析出造成质量问题的薄弱环节。 （2）找出生产不合格品最多的关键过程。 （3）分析比较各单位技术水平和质量管理水平。 （4）分析措施是否有效。 （5）用于成本费用分析、安全问题分析等
分层法	调查收集的原始数据，按某一性质进行分组、整理
因果分析图法	分析某个质量问题（结果）与其产生原因之间关系
相关图法	显示两种质量数据之间关系
调查表法	对质量数据进行收集、整理和粗略分析质量状态

【考生这样记】

分析原因论因果，鱼刺指出主因素。

分清主次靠排列；先排序来再累加，累计八成为主因，八九之间为次因，最后一成为一般。

分布状态看直方，类正太分布为正常。

过程稳定是控制，典型动态为控制。

【想对考生说】

该采分点是本章一个重要考点，各统计方法的用途不要混淆。这部分内容考查时会这样命题：

（1）题干中给出某项质量统计分析方法的用途，判断这项质量统计方法是什么。

（2）质量统计方法中，××× 的用途是什么。

【还会这样考】

1．工程质量统计分析中，寻找影响质量主次因素的有效方法是（　　）。

A．调查表法　　B．控制图法

C．排列图法　　D．相关图法

【答案】C。

2．在采用排列图法分析工程质量问题时，按累计频率划分进行质量影响因素分类，次要因素对应的累计频率区间为（　　）。

A．70% ~ 80%　　B．80% ~ 90%

C．80% ~ 100%　　D．90% ~ 100%

【答案】B。

3．工程质量统计分析方法中，用来显示两种质量数据之间关系的是（　　）。

A．因果分析图法　　B．相关图法

C．直方图法　　D．控制图法

【答案】B。

【想对考生说】

常考的用途及相互间容易混淆的统计方法主要有：排列图、因果分析图、直方图和控制图。

（1）确定选项中因果分析图的用途：用途比较单一，原因之间关系。

（2）控制图是动态分析的过程，因此涉及“动态追踪”和“生产过程”的多是控制图法。

（3）直方图的目的是判断质量分布状态和判断实际过程生产能力，应特别注意“评价过程能力”是直方图的用途，而非控制图的作用。

（4）排列图寻找影响质量主次因素，主要用途是分析造成质量问题的薄弱环节，体现哪个环节不合格品最多，因此可以比较各单位的技术水平和质量管理水平。

二、直方图的观察与分析

【考生必掌握】

直方图的观察与分析，见表1-6-3。

直方图的观察与分析　　表1–6–3

直方图的形状	分析判断
折齿型	由于分组组数不当或者组距确定不当出现的
左（或右）缓坡型	由于操作中对上限（或下限）控制太严造成的
孤岛型	原材料发生变化，或者临时他人顶班作业造成的
双峰型	由于用两种不同方法或两台设备或两组工人进行生产，然后把两方面数据混在一起整理产生的
绝壁型	由于数据收集不正常，可能有意识地去掉下限以下的数据，或是在检测过程中存在某种人为因素所造成的

【想对考生说】

这部分内容考查时会这样命题：

（1）出现某种形式直方图的原因是什么。

（2）题干中给出产生原因，判断这种原因会形成哪种直方图。

【还会这样考】

1．采用直方图法分析工程质量时，出现孤岛型直方图的原因是（　）。

A．组数或组距确定不当　　B．不同设备生产的数据混合

C．原材料发生变化　　D．人为去掉上限下限数据

【答案】C。

2．由于分组组数不当或者组距确定不当，将形成（　）直方图。

A．折齿型　　B．缓坡型

C．孤岛型　　D．双峰型

【答案】A。

三、直方图的工序能力分析

【考生必掌握】

作出直方图后，除了观察直方图形状，分析质量分布状态外，再将正常直方图与质量标准进行比较，从而对工序能力进行分析，比较结果见表 1-6-4。

工序能力分析　　表 1-6-4

工序能力分析图	图形特点	结论
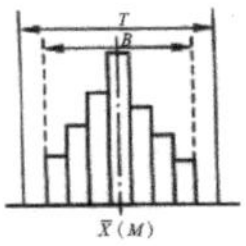	B 在 T 中间，质量分布中心 $\overline{X}$ 与质量标准中心 M 重合，实际数据分布与质量标准相比较两边还有一定余地	在这种情况下生产出来的产品可认为全都是合格品
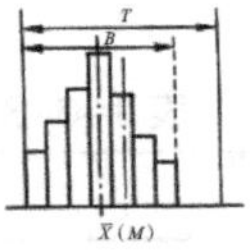	B 虽然落在 T 内，但质量分布中 $\overline{X}$ 与 T 的中心 M 不重合，偏向一边	这样如果生产状态一旦发生变化，就可能超出质量标准下限而出现不合格品。出现这种情况时应迅速采取措施，使直方图移到中间来
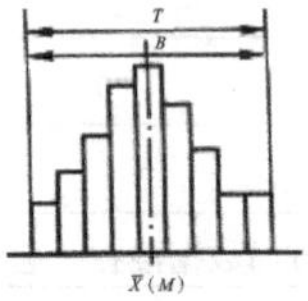	B 在 T 中间，且 B 的范围接近 T 的范围，没有余地	生产过程一旦发生小的变化，产品的质量特性值就可能超出质量标准。出现这种情况时，必须立即采取措施，以缩小质量分布范围
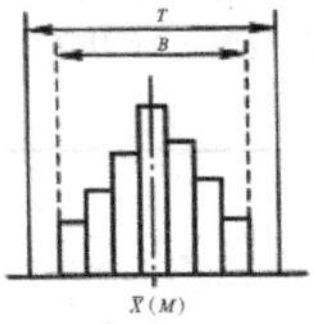	B 在 T 中间，但两边余地太大	说明加工过于精细，不经济。在这种情况下，可以对原材料、设备、工艺、操作等控制要求适当放宽些，有目的地使 B 扩大，从而有利于降低成本
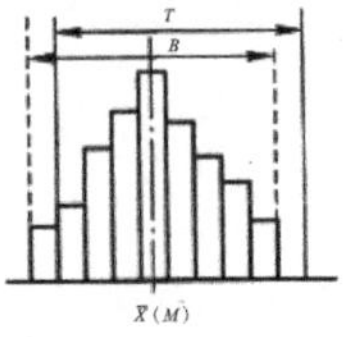	B 已超出 T 下限之外	说明已出现不合格品。此时必须采取措施进行调整，使质量分布位于标准之内
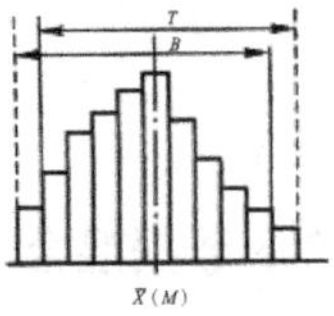	B 完全超出了 T 的上、下界限，散差太大，产生许多废品	说明过程能力不足，应提高过程能力，使质量分布范围 B 缩小

注：T 表示质量标准要求界限；B 表示实际质量特性分布范围。

【还会这样考】

1. 下列直方图中，表明生产过程处于正常、稳定状态的是（　）。

A.（a）　　B.（b）

C.（c）　　D.（d）

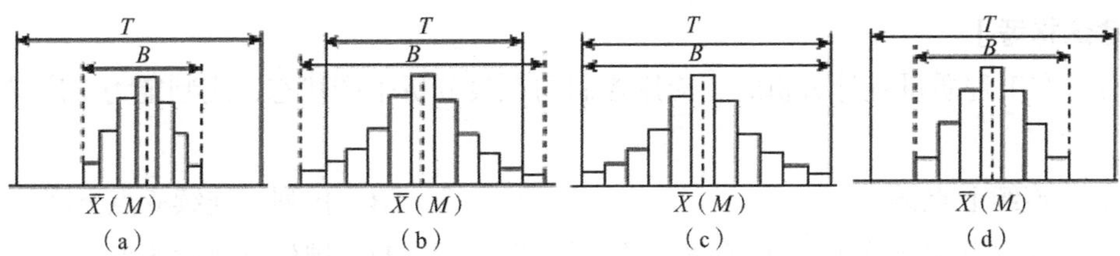

【答案】D。

2. 一组随机抽样检验数据做成的直方图，要能说明生产过程质量稳定、正常且合格，其直方图的构成与特点应反映出（　）。

A. 明确的质量标准上、下界限　　B. 直方图为正态分布型

C. 直方图位置居中分布　　D. 直方图分布中心与标准中心重合

E. 直方图与上、下界限有一定余地

【答案】CDE。

四、控制图的观察与分析

【考生必掌握】

当控制图同时满足两个条件，就可以认为生产过程基本上处于稳定状态，具体见表 1-6-5。

生产过程基本上处于稳定状态的条件　　表 1–6–5

条件	要求
点子几乎全部落在控制界线内	（1）连续 25 点以上处于控制界限内。 （2）连续 35 点中仅有 1 点超出控制界限。 （3）连续 100 点中不多于 2 点超出控制界限
控制界限内点子排列没有缺陷	点子的排列是随机的，而没有出现异常现象。这里的异常现象是指点子排列出现了"链""多次同侧""趋势或倾向""周期性变动""接近控制界限"等情况。对于这种情况应这样理解： （1）链。出现五点链，应注意生产过程发展状况；出现六点链，应开始调查原因；出现七点链，应判定工序异常，需采取处理措施。 （2）多次同侧。下列情况说明生产过程已出现异常：在连续 11 点中有 10 点在同侧；在连续 14 点中有 12 点在同侧；在连续 17 点中有 14 点在同侧；在连续 20 点中有 16 点在同侧。 （3）趋势或倾向。连续 7 点或 7 点以上上升或下降排列，就应判定生产过程有异常因素影响，要立即采取措施。 （4）显示周期性变化的现象，即使所有点子都在控制界限内，也应认为生产过程为异常。 （5）点子排列接近控制界限。下列情况判定为异常：连续 3 点至少有 2 点接近控制界限；连续 7 点至少有 3 点接近控制界限；连续 10 点至少有 4 点接近控制界限

【想对考生说】

注意这两个条件需要全部满足。考试时会在数字上设置陷阱，记住数字很关键。

【还会这样考】

1. 在工程质量统计分析时，应用控制图观察分析生产状态，应判定为工序异常的是（　）。

A. 连续七点链　　B. 排列点连续 6 点下降

C. 排列点在连续 11 点中有 6 点连续同侧　　D. 排列点连续 5 点上升

【答案】A。

2. 当质量控制图同时满足（　）时，可认为生产过程处于稳定状态。

A. 点子多次同侧　　B. 点子分布出现链

C. 控制界限内的点子排列没有缺陷　　D. 点子全部落在控制界限之内

E. 点子有趋势或倾向

【答案】CD。

3. 控制图中点子几乎全部落在控制界限内，应符合的要求包括（　）。

A. 连续 100 点中不多于 2 点超出控制界限

B. 连续 150 点中不多于 2 点超出控制界限

C. 连续 175 点中不多于 5 点超出控制界限

D. 连续 35 点中仅有 1 点超出控制界限

E. 连续 25 点以上处于控制界限内

【答案】ADE。

五、相关图的观察与分析

【考生必掌握】

相关图的观察与分析见表 1-6-6。

相关图的观察与分析　　表 1-6-6

相关图的形状	分析
正相关	散布点基本形成由左至右向上变化的一条直线带
弱正相关	散布点形成向上较分散的直线带
不相关	散布点形成一团或平行于 x 轴的直线带
负相关	散布点形成由左向右向下的一条直线带
弱负相关	散布点形成由左至右向下分布的较分散的直线带
非线性相关	散布点呈一曲线带

【还会这样考】

1. 采用相关图法分析工程质量时，出现不相关，说明散布点形成（　）。

A. 左向右向下的一条直线带　　B. 一团或平行于 x 轴的直线带

C. 左至右向上变化的一条直线带　　D. 一曲线带

【答案】B。

2. 采用相关图法分析工程质量时，散布点形成由左向右向下的一条直线带，说明两变量之间的关系为（　）。

A. 负相关　　B. 不相关

C. 正相关　　D. 弱正相关

【答案】A。

【想对考生说】

该采分点除了这种题型外，还会这样命题："采用相关图法分析工程质量时，出现 × 相关，说明散布点形成（　）。"

02 第二部分

建设工程投资控制

第一章 水利工程投资及构成

第一节 基本建设

【考生必掌握】

基本建设就是指固定资产的建设，即建筑、安装和购置固定资产的活动及与之相关的工作。基本建设的分类如图 2-1-1 所示。

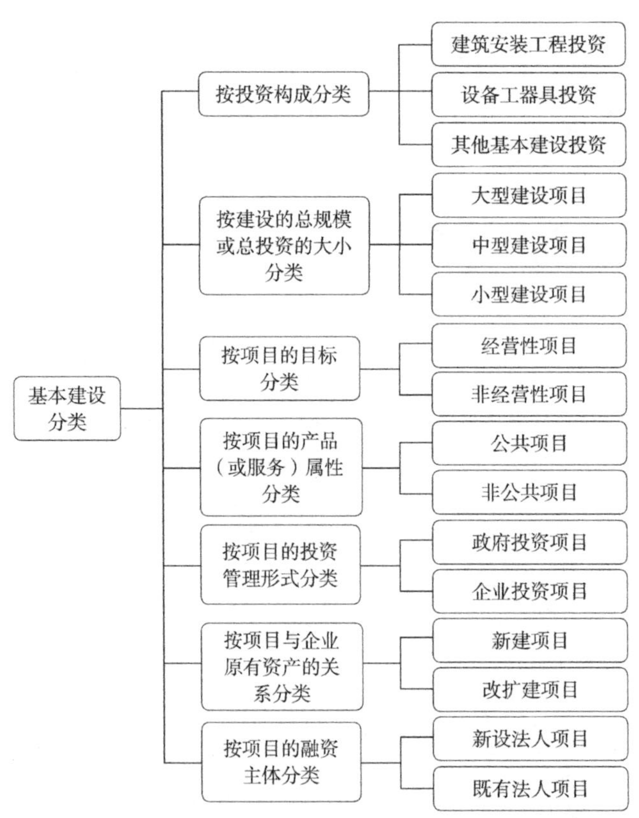

图 2-1-1 基本建设的分类

【想对考生说】

注意区分按不同方法基本建设的分类。

【还会这样考】

1. 基本建设按项目的目标可分为（　）。

A. 政府投资项目和企业投资项目　　B. 经营性项目和非经营性项目

C. 新建项目和改扩建项目　　D. 公共项目和非公共项目

【答案】B。

2. 基本建设分为新设法人项目和既有法人项目，是按（　）进行的分类。

A. 项目的投资管理形式　　B. 建设的总规模

C. 项目的融资主体　　D. 项目的产品属性

【答案】C。

第二节　投资与投资控制

一、投资的种类

【考生必掌握】

从不同的角度，按照不同的划分方法，投资可分为以下几类，如图 2-1-2 所示。

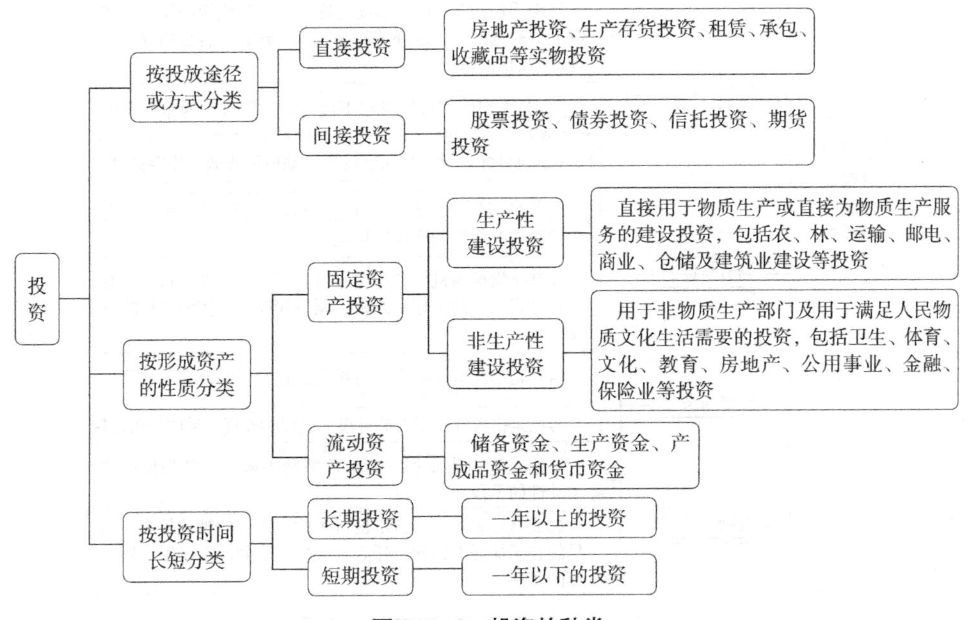

图 2-1-2　投资的种类

【还会这样考】

1．固定资产投资按用途的不同可分为生产性建设投资和非生产性建设投资，下列属于生产性建设投资的是（　）。

A．建筑业建设投资　　B．公用事业投资

C．股票投资　　D．金融投资

【答案】A。

2．投资按投放途径或方式可以分为直接投资和间接投资，下列属于直接投资的有（　）。

A．房地产投资　　B．生产存货投资

C．股票投资　　D．债券投资

E．储备资金

【答案】AB。

二、建设项目投资控制的手段

【考生必掌握】

建设项目投资控制的手段包括 5 个方面，具体如图 2-1-3 所示。

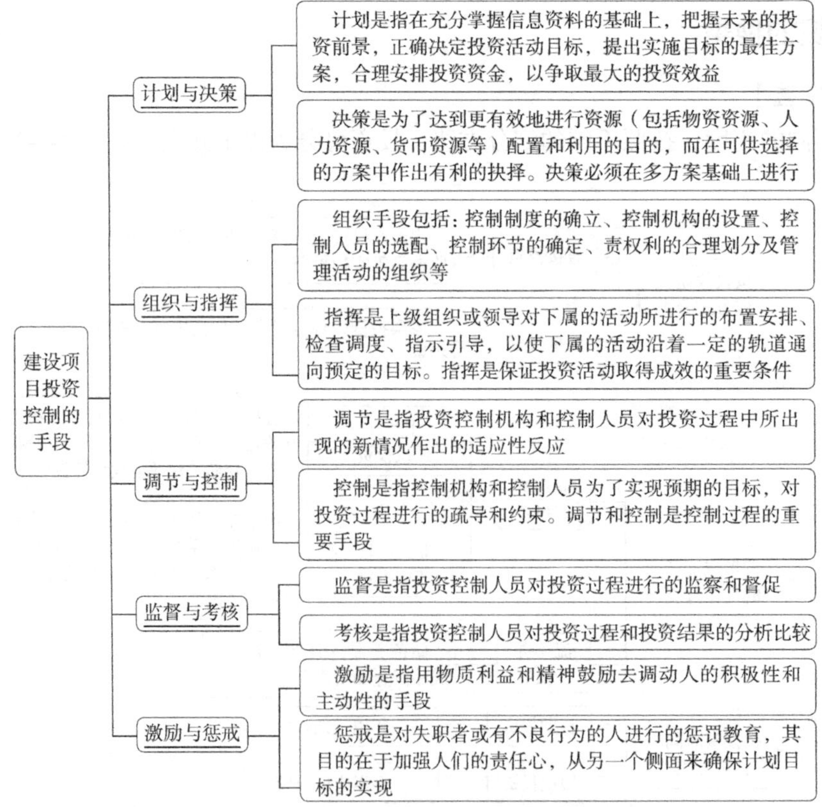

图 2-1-3　建设项目投资控制的手段

【想对考生说】

建设项目投资控制应注意以下几个问题：

（1）要重视项目投资决策和设计阶段的投资控制。项目投资控制的重点在于施工以前的投资决策和设计阶段，而在项目作出投资决策后，控制项目投资的关键在于设计。

（2）正确处理好建设投资、工期及质量三者的关系。投资的节约应是在满足工程项目建设的质量（功能）和合理工期的前提下节约。

（3）正确处理好建设项目投资与整个寿命周期费用的关系。应在满足功能要求的前提下，使建设项目整个寿命周期投资总额最小。

【还会这样考】

1. 在工程投资控制前选配了控制人员，这属于建设项目投资控制的（　）手段。

A. 计划与决策　　B. 组织与指挥

C. 调节与控制　　D. 监督与考核

【答案】B。

2. 建设项目投资控制的手段包括（　）。

A. 计划与决策　　B. 调节与控制

C. 监督与考核　　D. 组织与指挥

E. 检查与分析

【答案】ABCD。

三、投资控制的主要工作内容

【考生必掌握】

建设项目决策阶段投资控制的主要内容：通过对建设项目在技术、经济和施工上是否可行，进行全面分析、论证和方案比较，确定项目的投资估算数，将投资估算的误差率控制在允许的范围内。

项目设计阶段投资控制的主要内容：应用价值工程理论、实行限额设计管理，以可行性研究报告中批准的投资估算控制初步设计概算，不应突破。

项目施工招标阶段投资控制的主要内容：以工程设计文件（包括概算）为依据，结合工程的具体分标情况，编制完善的招标文件，依据招标文件合理预测标底，选择合理的合同计价方式，合理确定工程承包合同价格。

项目施工阶段投资控制的主要内容：根据施工合同有关条款、施工图纸，对建设项目投资目标进行风险分析，并制定防范性对策；控制工程计量与支付，控制工程变更，防止和减少索赔，预防和减少风险干扰；按照合同规定付款，使实际投资额不超过项目的计划投资额。

【想对考生说】

在项目实施过程中，各阶段投资控制的主要工作内容如图 2-1-4 所示。

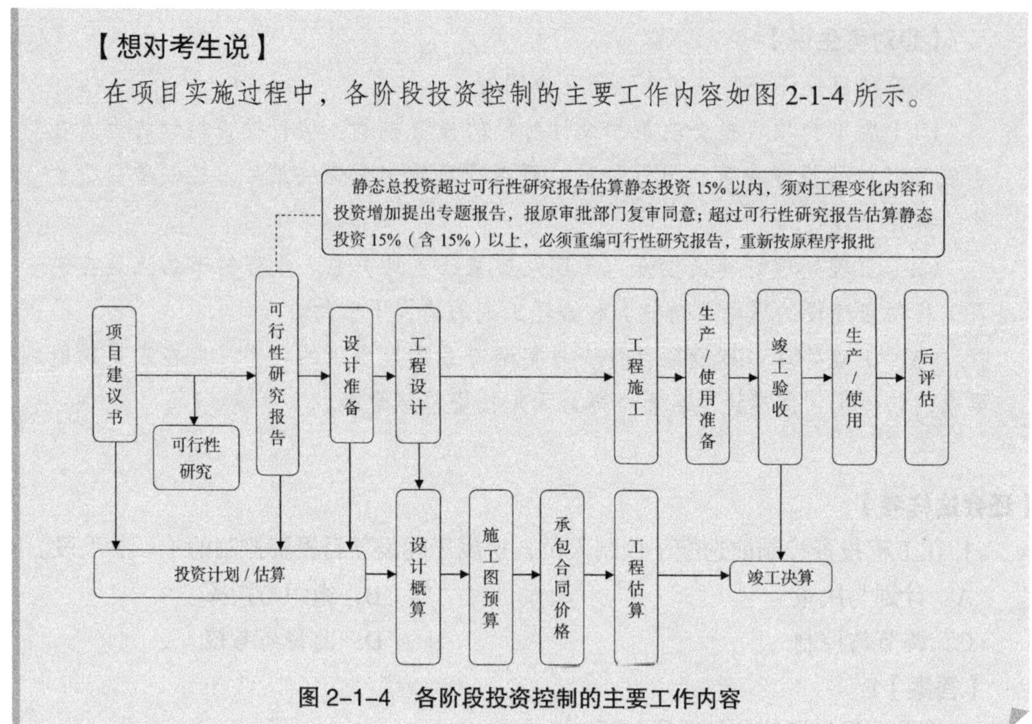

图 2-1-4　各阶段投资控制的主要工作内容

【还会这样考】

1．重新编报可行性研究报告的情形之一是，初步设计静态总投资超过可行性研究报告相应估算静态总投资（　）时。

A．5%　　B．10%

C．12%　　D．15%

【答案】D。

2．在项目设计阶段投资控制的主要内容包括（　）。

A．应用价值工程理论、实行限额设计管理

B．控制初步设计概算

C．进行全面分析、论证和方案比较，确定项目的投资估算数

D．编制完善的招标文件，合理确定工程承包合同价格

E．控制工程计量与支付，工程变更

【答案】AB。

四、投资控制的措施

【考生必掌握】

投资控制的措施见表 2-1-1。

投资控制的措施　　表 2-1-1

措施	内容
组织措施	（1）进行施工跟踪的人员、任务分工和职能分工。 （2）编制投资控制工作计划和详细的工作流程图
经济措施	（1）编制资金使用计划，确定、分解投资控制目标，进行风险分析。 （2）进行工程计量。 （3）复核工程付款账单，签发付款证书。 （4）投资跟踪控制，定期进行投资实际支出值与计划目标值的比较。 （5）协商确定工程变更的价款，审核竣工结算。 （6）对投资支出做好分析与预测
技术措施	（1）控制设计变更。 （2）寻找节约投资的可能性。 （3）审核施工组织设计，对主要施工方案进行技术经济分析
合同措施	（1）参与处理索赔事宜。 （2）参与合同修改、补充工作，着重考虑它对投资控制的影响

【想对考生说】

考试时四个措施会相互作为干扰选项出现。题型有两种：

一是题干中给出采取的具体投资控制措施，判断属于哪类措施。

二是题干中给出措施类型，判断备选项中符合这类型的具体措施。

【还会这样考】

1．下列项目监理机构在施工阶段投资控制的措施中，属于技术措施的是（　）。

A．审核承包人编制的施工组织设计

B．复核工程付款账单，签发付款证书

C．审核竣工结算

D．编制施工阶段投资控制工作计划

【答案】A。

2．下列措施中，属于投资控制中组织措施的是（　）。

A．编制投资控制工作流程　　B．参与合同修改

C．审核竣工结算　　D．对变更方案进行技术经济分析

【答案】A。

3．监理工程师在施工阶段应做好工程施工记录，保存各种文件图纸，特别是注有实际施工变更情况的图纸，注意积累素材，为正确处理可能发生的索赔提供依据。这种措施属于（　）。

A．组织措施　　B．经济措施

C．技术措施　　D．合同措施

【答案】D。

4．监理工程师在施工阶段进行投资控制的经济措施有（　）。

A．分解投资控制目标　　B．进行工程计量

C．严格控制设计变更　　D．审查施工组织设计

E．审核竣工结算

【答案】ABE。

第三节　总投资构成

一、我国现行建设工程总投资构成

【考生必掌握】

我国现行建设工程总投资构成如图 2-1-5 所示。

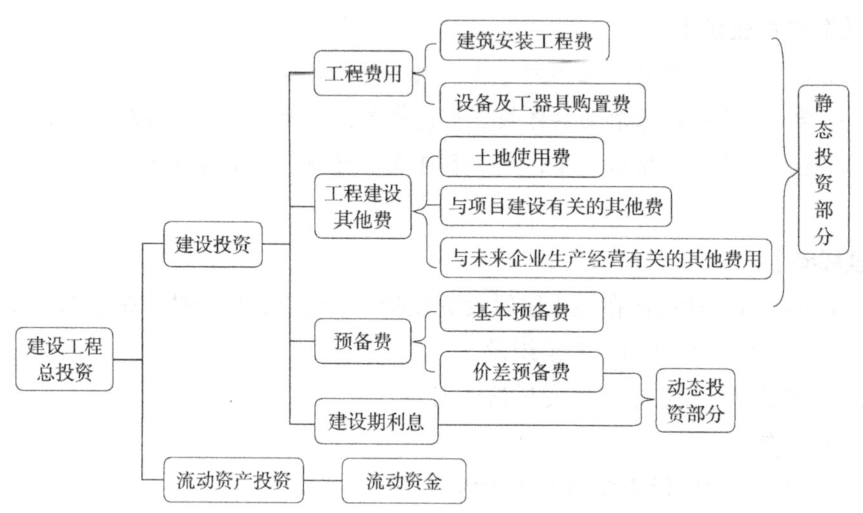

图 2-1-5　建设工程项目总投资构成

【还会这样考】

根据我国现行建设工程总投资的构成，建设投资由（　）构成。

A．工程费用、建设期利息、预备费

B．工程费用、建设期利息、流动资金

C．工程费用、工程建设其他费用、预备费

D．建筑安装工程费、设备及工器具购置费、工程建设其他费用

【答案】C。

二、水利工程总投资构成

水利工程总投资构成除主体工程外，应根据工程的具体情况，包括必要的附属工程、

配套工程、设备购置以及征地移民、水土保持和环境保护等费用。水利工程概算项目划分为工程部分、建设征地移民补偿、环境保护工程、水土保持工程4部分。水利工程的工程费用构成如图2-1-6所示。

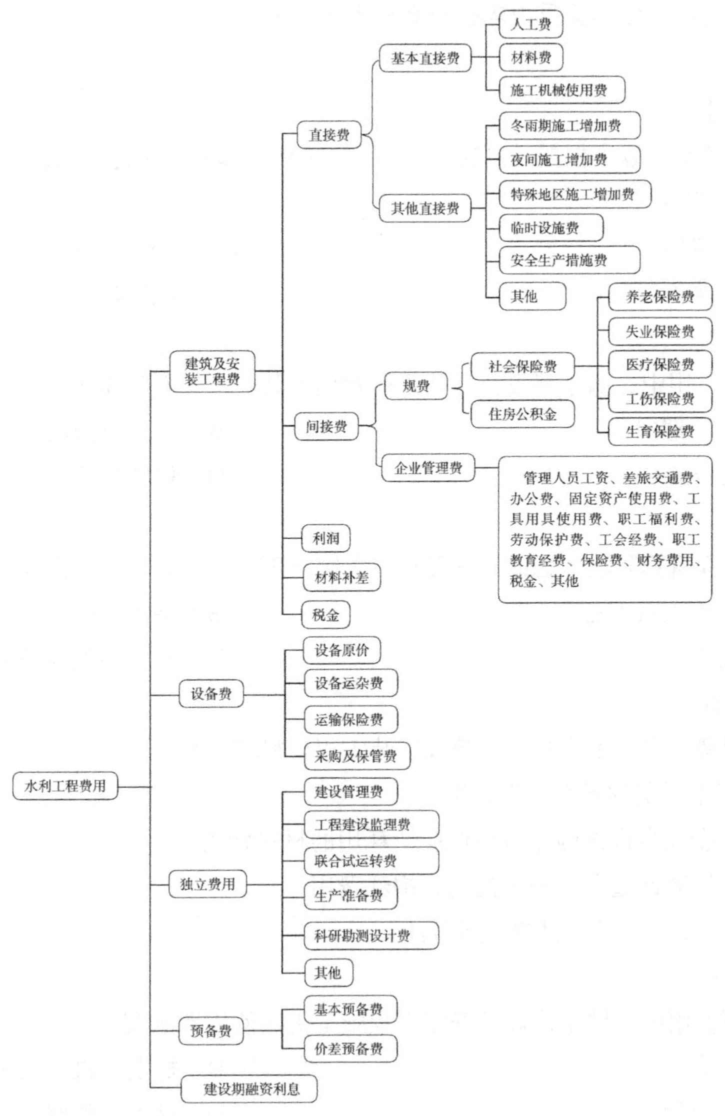

图2-1-6 水利工程的工程费用构成图

【考生这样记】

其他直接费：雨夜特设权（全）。

企业管理费：检验雇（固）工捞（劳）财宝（保），公差管税会教他。

社会保险费：老是（失）伤医生。

设备费：原价运输管够（购）。

独立费用：监管联合生产设计。

【想对考生说】

该采分点考查题型主要有两种：

一是题干中给出具体费用内容，判断属于哪一类费用。

二是选项中给出费用内容，判断属于哪一类费用。

【还会这样考】

1.**【2021年真题】**根据《水利工程设计概（估）算编制规定》（水总〔2014〕429），联合试运转费属于（　）。

A．独立费用　　B．安装工程费

C．生产准备费　　D．设备费

【答案】A。

2．下列费用中，属于建设及安装工程费用中其他直接费的是（　）。

A．企业管理费　　B．施工机械使用费

C．临时设施费　　D．材料补差

【答案】C。

3．在工程概算阶段考虑的对一般自然灾害处理的费用，应包含在（　）内。

A．未明确项目准备金　　B．基本预备费

C．暂列金额　　D．不可预见准备金

【答案】B。

4．下列费用中，不应列入建筑及安装工程材料费的是（　）。

A．施工中耗费的辅助材料费用

B．施工企业自设试验室进行试验所耗用的材料费用

C．在运输装卸过程中发生的材料损耗费用

D．在施工现场发生的材料保管费用

【答案】B。

5．下列费用中，属于建设及安装工程施工机械使用费的有（　）。

A．修理费　　B．机上司机的人工费

C．财产保险费　　D．动力燃料费

E．替换设备费

【答案】ABDE。

6．下列费用中，属于水利工程独立费用的有（　）。

A．冬雨期施工增加费　　B．联合试运转费

C．特殊地区施工增加费　　D．工程建设监理费

E．安全生产措施费

【答案】BD。

第二章 投资控制基础知识

第一节　资金的时间价值

一、现金流量

【考生必掌握】

资金具有时间价值，即使两笔金额相等的资金，如果发生在不同时期，其实际价值量是不相等的，所以说一定金额的资金必须注明其发生时间才能确切表达其准确的价值。在项目经济评价中，一般用现金流量图来表示各现金流入流出与相应时间的对应关系。现金流量图的绘制如图 2-2-1 所示。

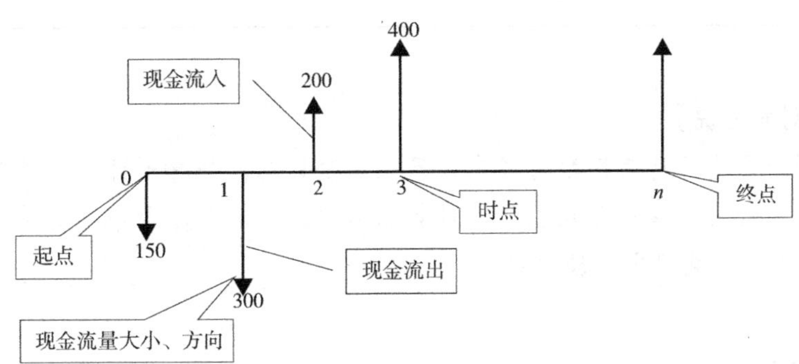

图 2-2-1　现金流量图的绘制

【想对考生说】

在经济分析中，对现金流量图有以下几点说明：

（1）项目计算期是指项目经济评价中为进行动态分析所设定的期限，包括项目的建设期和运行期。

（2）建设开始年作为计算期的第一年。通常，在项目建设期以前发生的费用占总费用的比例不大，为简化计算，这部分费用可列入年序 1。

【还会这样考】

绘制现金流量图需要把握的现金流量的要素有（　）。

A．现金流量的大小　　B．绘制比例

C．时间单位　　D．现金流入或流出

E．发生的时点

【答案】ADE。

二、资金时间价值的计算

采分点 1　利息的计算

【考生必掌握】

利息的计算分为单利法和复利法两种方式，其计算公式见表 2-2-1。

利息计算的计算公式　　表 2-2-1

方法	计算公式
单利法	$I=P\times n\times i$ 式中　n——计息期数； i——利率。 n 个计息周期后的本利和为：$F=P(1+i\times n)$ 式中　F——本利和
复利法	$I=P[(1+i)^n-1]$ $F=P(1+i)^n$ 式中　I——利息

【想对考生说】

单利是不论计息周期数为多少，只有本金计息，利息不计息。复利是本金和利息都要计息。该采分点主要以计算题为主，一般在题干中都会给出是采用哪种计息方式，题目也比较简单。

【还会这样考】

1．某企业以单利计息的方式年初借款 1000 万元，年利率 6%，每年末支付利息，第五年末偿还全部本金，则第三年末应支付的利息为（　）万元。

A．300.00　　B．180.00

C．71.46　　D．60.00

【答案】D。

【解析】每年年末支付利息，则第 3 年末应支付利息为：1000×6%＝60 万元。

2．某企业年初从金融机构借款 3000 万元，月利率 1%，按季复利计息，年末一次性还本付息，则该企业年末需要向金融机构支付的利息为（　）万元。

A．360.00　　　B．363.61

C．376.53　　　D．380.48

【答案】C。

【解析】月利率 1%，年名义利率＝ 12%，则该企业年末需要向金融机构支付的利息 $I = P[(1+i)^n - 1] = 3000 \times [(1+12\%/4)^4 - 1] = 376.53$ 万元。

采分点 2　实际利率和名义利率

【考生必掌握】

名义利率与实际利率的换算见表 2-2-2。

名义利率与实际利率的换算　　表 2-2-2

年名义利率	计息期	年计息次 m	年有效利率	半年有效利率	季有效利率	月有效利率
r	年	1	r	$(1+r)^{\frac{1}{2}}-1$	$(1+r)^{\frac{1}{4}}-1$	$(1+r)^{\frac{1}{12}}-1$
	半年	2	$\left(1+\frac{r}{2}\right)^2-1$	$\frac{r}{2}$	$\left(1+\frac{r}{2}\right)^{\frac{1}{2}}-1$	$\left(1+\frac{r}{2}\right)^{\frac{1}{6}}-1$
	季	4	$\left(1+\frac{r}{4}\right)^4-1$	$\left(1+\frac{r}{4}\right)^2-1$	$\frac{r}{4}$	$\left(1+\frac{r}{4}\right)^{\frac{1}{3}}-1$
	月	12	$\left(1+\frac{r}{12}\right)^{12}-1$	$\left(1+\frac{r}{12}\right)^6-1$	$\left(1+\frac{r}{12}\right)^3-1$	$\frac{r}{12}$

【想对考生说】

一个公式：$i=\left(1+\frac{r}{m}\right)^m-1$

（1）公式中的“$\frac{r}{m}$”的 m ＝计息的次数。

（2）指数中的 m ＝所求有效利率的时间单位 ÷ 计息周期的时间单位。

如果题目所给定的计息周期短于 1 年，比如按半年、季、月计息，或每季计息一次、每季复利一次、按季计算复利等，此时题目所给的已知年利率一定是名义利率（除非题目已说明是年有效利率或年实际利率）。

【还会这样考】

1．年利率 8%，按季度复利计息，则半年期实际利率为（　）。

A．4.00%　　　B．4.04%

C．4.07%　　　D．4.12%

【答案】B。

【解析】$i = (1+8\%/4)^2 - 1 = 4.04\%$。

2．建设单位从银行贷款 1000 万元，贷款期为 2 年，年利率 6%，每季度计息一次，则贷款的年实际利率为（　）。

A．6%　　　　B．6.12%

C．6.14%　　　　D．12%

【答案】C。

【解析】$i=(1+6\%/4)^4-1=6.14\%$。

3．某企业面对金融机构提出的四种存款条件，相关数据见表2-2-3，最有利的选择是（　）。

四种存款条件相关数据表　　　　表2-2-3

存款条件	年计息次数	年名义利率
条件一	1	5%
条件二	2	4%
条件三	4	3%
条件四	12	2%

A．条件一　　　　B．条件二

C．条件三　　　　D．条件四

【答案】A。

【解析】本题的计算过程如下：

条件一：$i=5\%$

条件二：$i=(1+4\%/2)^2-1=4.04\%$

条件三：$i=(1+3\%/4)^4-1=3.03\%$

条件四：$i=(1+2\%/12)^{12}-1=2.02\%$

存款选择有效利率较大者，故A选项正确。

三、资金时间价值计算的基本公式

【考生必掌握】

资金等值计算的基本公式见表2-2-4。

资金等值计算的基本公式　　　　表2-2-4

类别	问题	系数表达式	计算公式
一次支付终值（已知P求F）	现在投入的一笔资金，在n年末一次收回（本利和）多少？	$F=P(F/P,i,n)$	$F=P(1+i)^n$
一次支付现值（已知F求P）	希望n年末有一笔资金，n年初需要一次投入多少？	$P=F(P/F,i,n)$	$P=F(1+i)^{-n}$
等额支付系列终值（已知A求F）	从现在起每年末投入的一笔等额资金，在n年末一次收回（本利和）是多少？	$F=A(F/A,i,n)$	$F=A[(1+i)^n-1]/i$
等额支付系列偿债基金（已知F求A）	希望在n年末有一笔资金，在n年内每年末需要等额投入多少？	$A=F(A/F,i,n)$	$A=F\{i/[(1+i)^n-1]\}$

续表

类别	问题	系数表达式	计算公式
等额支付系列现值（已知 A 求 P）	希望 n 年内每年年末收回等额资金，现在需要投资多少？	$P=A(P/A, i, n)$	$A=P\{i(1+i)^n/[(1+i)^n-1]\}$
等额支付系列资金回收（已知 P 求 A）	现在投入的一笔资金在 n 年内每年末的收益是多少？	$A=P(A/P, i, n)$	$P=A[(1+i)^n-1]/[i(1+i)^n]$

【想对考生说】

等值计算方法：画图→定公式→定 i→定 n→代入公式计算。

扫码学习

【还会这样考】

1. 施工单位从银行贷款 2000 万元，月利率为 0.8%，按月复利计息，两月后应一次性归还银行本息共计（　）万元。

A. 2008.00　　B. 2016.00

C. 2016.09　　D. 2032.13

【答案】D。

【解析】两月后应一次性归还银行本息共计 $=2000\times(1+0.8\%)^2=2032.13$ 万元。

2. 某人以 8% 单利借出 15000 元，借款期为 3 年，收回后以 7% 复利将上述借出资金的本利和再借出，借款期为 10 年。此人在第 13 年年末可以获得的复本利和是（　）万元。

A. 3.3568　　B. 3.4209

C. 3.5687　　D. 3.6589

【答案】D。

【解析】由题意可知：借款期前 3 年的本利和 $=15000\times(1+8\%\times3)=18600$ 元；收回后再借出的本利和 $=18600\times(1+7\%)^{10}\div10000=36589$ 元 $=3.6589$ 万元。

3. 企业第 1 年年初和第 1 年年末分别向银行借款 30 万元，年利率均为 10%，复利计息，第 3 ~ 5 年年末等额本息偿还全部借款。则每年年末应偿还金额为（　）万元。

A. 20.94　　B. 23.03

C. 27.87　　D. 31.57

【答案】C。

【解析】本题可以采用两种计算方法：

第一种方法：将现金流入和现金流出都折算到第 2 年末，求年金 A：

$30\times(1+10\%)^2+30\times(1+10\%)=A[(1+10\%)^3-1]/[10\%\times(1+10\%)^3]$

解得：$A=27.87$ 万元。

第二种方法：将现金流入和现金流出都折算到第 5 年末，也就是第 1 年初、1 年末的 30 万元，折算到第 5 年末；然后再由终值 F 求第 3 ~ 5 年的等额资金，求年金 A：

$30\times(1+10\%)^5+30\times(1+10\%)^4=A[(1+10\%)^3-1]/10\%$

解得：$A=27.87$ 万元。

第二节 建设项目经济评价

一、建设项目评价中的总投资

采分点 1 建设投资

【考生必掌握】

建设投资包括工程费和预备费，计算方法见表 2-2-5。

工程费和预备费的计算方法 表 2-2-5

<table>
<tr><th colspan="2">项目</th><th>计算公式</th></tr>
<tr><td rowspan="2">工程费</td><td>生产能力指数法</td><td>根据已建成的性质类似的建设项目的投资额和生产能力及拟建项目的生产能力估算其投资，即：
$$C_2=C_1\left(\frac{Q_2}{Q_1}\right)^x\cdot f$$
式中 C_1——已建成类似项目的投资额；
C_2——拟建项目的投资额；
Q_1——已建类似项目的生产能力；
Q_2——拟建项目的生产能力；
f——不同时期、不同地点的定额、单价、费用和其他差异的综合调整系数；
x——生产能力指数。取值规定如下：
（1）若已建类似项目规模和拟建项目规模的比值在 0.5 ~ 2 之间时，x 的取值近似为 1。
（2）若已建类似项目规模与拟建项目规模的比值为 2 ~ 50，且拟建项目生产规模的扩大仅靠增大设备规模来达到时，则 x 的取值为 0.6 ~ 0.7。
（3）若是靠增加相同规格设备的数量达到时，x 的取值在 0.8 ~ 0.9 之间</td></tr>
<tr><td>造价指标估算法</td><td>投资额=∑工程量 × 相应项目的造价指标</td></tr>
<tr><td>预备费</td><td>基本预备费</td><td>主要为解决工程施工过程中的设计变更和为预防意外事故而采取的措施所增加的工程项目和费用，国家政策性调整所增加的投资等。
计算方法：根据工程规模、施工年限和地质条件等不同情况，按建筑工程、机电设备及安装工程、金属结构设备及安装工程、临时工程、独立费 5 部分之和的百分率计算。百分率初步设计阶段为 5% ~ 8%，可行性研究阶段为 10% ~ 12%，项目建议书阶段为 15% ~ 18%</td></tr>
</table>

续表

<table>
<tr><th colspan="2">项目</th><th>计算公式</th></tr>
<tr><td>预备费</td><td>价差预备费</td><td>主要为解决工程施工过程中，因人工工资、材料和设备价格上涨以及费用标准调整而增加的投资。费用内容包括：人工、设备、材料、施工机械的价差费，建筑安装工程费及工程建设其他费用调整，利率、汇率调整等增加的费用。
计算方法：以估算年份价格水平的静态投资作为计算基数，按照国家规定的投资综合价格指数计算，即：
$$E=\sum_{n=1}^{N}F_n\left[(1+p)^n-1\right]$$
式中　E——价差预备费；
N——合理建设工期；
n——施工年度；
F_n——在建设期间第 n 年的投资额，包括建筑安装工程费、设备及工器具购置费、工程建设其他费用及基本预备费；
p——年投资价格上涨率</td></tr>
</table>

【想对考生说】

本考点会涉及投资估算额、价差预备费的计算题考核。

应区分基本预备费与价差预备费的概念。

生产能力指数 3 种取值应能区分。

【还会这样考】

1. 某地 2019 年拟建一座年产 20 万 t 的化工厂，该地区 2017 年建成的年产 15 万 t，相同产品的类似项目实际建设投资为 8000 万元。调整系数为 1.1，生产能力指数为 0.6。则该项目投资为（　）万元。

A．8800.00　　B．9507.21

C．10457.93　　D．11733.33

【答案】C。

【解析】该项目投资＝ $8000\times(20/15)^{0.6}\times1.1=10457.93$ 万元。

2. 若已建类似项目规模与拟建项目规模的比值为 2 ~ 50，且拟建项目生产规模的扩大仅靠增大设备规模来达到时，则生产能力指数的取值为（　）。

A．0.3 ~ 0.5　　B．0.6 ~ 0.7

C．0.8 ~ 0.9　　D．1

【答案】B。

3. 为解决工程施工过程中的设计变更和为预防意外事故而采取的措施所增加的工程项目和费用应计入（　）。

A．基本预备费　　B．价差预备费

C．铺底流动资金　　D．工程建设其他费

【答案】A。

4. 某项目的静态投资为25000万元，项目建设期为3年，3年的投资分配使用比例为第一年20%，第二年50%，第三年30%，建设期内年平均价格上涨率预测为5%。则该项目建设期的价差预备费为（　）万元。

A. 300　　B. 1545

C. 1432.62　　D. 3277.62

【答案】D。

【解析】本题的计算过程为：

第一年投资计划用款额：$F_1 = 25000 \times 20\% = 5000$ 万元。

第一年价差预备费：$E_1 = 5000 \times [(1+6\%) - 1] = 300$ 万元。

第二年投资计划用款额：$F_2 = 25000 \times 50\% = 12500$ 万元。

第二年价差预备费：$E_2 = 12500 \times [(1+6\%)^2 - 1] = 1545$ 万元。

第三年投资计划用款额：$F_3 = 25000 \times 30\% = 7500$ 万元。

第三年价差预备费：$E_3 = 7500 \times [(1+6\%)^3 - 1] = 1432.62$ 万元。

所以建设期的价差预备费$= 300+1545+1432.62 = 3277.62$ 万元。

采分点2　建设期融资利息

【考生必掌握】

工程项目经济评价时，为简化计算，假定借款当年在年中使用，按半年计息，其后年份按全年计息。每年应计利息的近似计算公式为：

各年应计利息=（年初借款本息累计+本年借款额/2）× 年利率

【想对考生说】

本考点主要考查计算题目，命题形式可能会是项目第×年的建设期利息，也可能是求项目几年一共的建设期利息，考生一定要审清问题。另外还需要注意在计算第2年建设期利息的时候一定是年初借款本息累计+本年借款额/2。

【还会这样考】

1. 某项目，建设期为2年，项目投资部分为银行贷款，贷款年利率为4%，按年计息且建设期不支付利息，第一年贷款额为1500万元，第二年贷款额1000万元，假设贷款在每年的年中支付，则第二年融资利息为（　）万元。

A. 40　　B. 60

C. 81.2　　D. 82

【答案】C。

【解析】第一年的利息$= 1500 \times 1/2 \times 4\% = 30$ 万元；第二年的利息$= (1500+30+1000 \times 1/2) \times 4\% = 81.2$ 万元。建设期利息总和$= 30+81.2 = 111.2$ 万元。

2. 某新建项目，建设期为3年，共向银行贷款3000万元，贷款时间为：第一年

800 万元，第二年 1200 万元，第三年 1000 万元。贷款年利率为 6%。则建设期融资利息为（　）万元。

A．24　　B．85.44

C．156.57　　D．266.01

【答案】D。

【解析】建设期各年利息计算如下：

第一年应计利息：1/2 × 800 × 6% ＝ 24 万元。

第二年应计利息：（800+24+1200 × 1/2）× 6% ＝ 85.44 万元。

第三年应计利息：（800＋24+1200＋85.44＋1000 × 1/2）× 6% ＝ 156.57 万元。

则建设期融资利息总和：24＋85.44＋156.57 ＝ 266.01 万元。

采分点 3　流动资金

【考生必掌握】

流动资金估算方法包括分项详细估算法和扩大指标估算法。分项详细估算法中应重点掌握以下公式：

（1）流动资金＝流动资产 − 流动负债

（2）流动资产＝应收账款＋预付账款＋存货＋现金

（3）流动负债＝应付账款＋预收账款

（4）流动资金本年增加额＝本年流动资金 − 上年流动资金

流动负债是指将在一年（含一年）或者超过一年的一个营业周期内偿还的债务，包括短期借款、应付票据、应付账款、预收账款、应付工资、应付福利费、应付股利、应交税费、其他暂收应付款项、预提费用和一年内到期的长期借款等。在项目评价中，流动负债的估算可以只考虑应付账款和预收账款两项。

【还会这样考】

预计某年度应收账款 2000 万元，应付账款 1500 万元，预收账款 800 万元，预付账款 500 万元，存货 1000 万元，现金 400 万元。则该年度流动资金估算额为（　）万元。

A．800　　B．1200

C．1600　　D．2400

【答案】C。

【解析】该年度流动资金估算额＝ 2000+500+1000+400 － 1500 － 800 ＝ 1600 万元。

二、项目运行所需的费用和收益

【考生必掌握】

（1）收益。包括项目运行销售产品和服务的收益、固定资产残值的回收及流动资金的回收。

（2）项目运行的总成本费用。

项目运行的总成本费用分解为固定成本和可变成本，具体内容如图 2-2-2 所示。

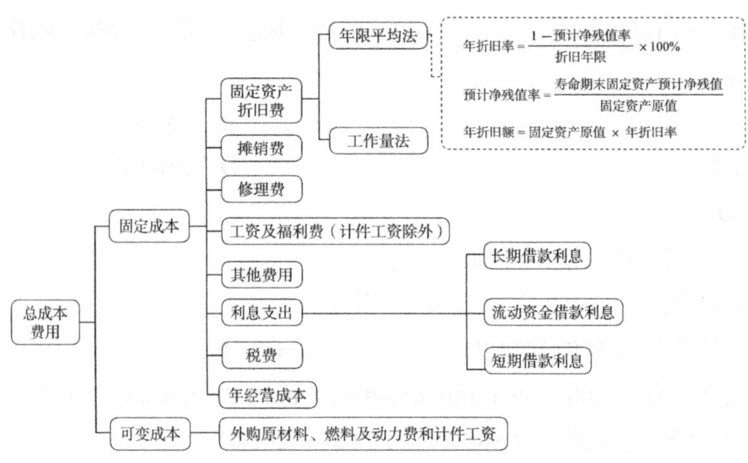

图 2-2-2　项目运行的总成本费用

【还会这样考】

1．项目运行的总成本费用分解为（　　）。

A．历史成本和现实成本　　B．过去成本和现在成本

C．预算成本和实际成本　　D．固定成本和可变成本

【答案】D。

2．某施工企业购入一台施工机械，原价 8 万元，预计残值率 3%，使用年限 10 年，按平均年限法计提折旧，该设备每年应计提的折旧额为（　　）元。

A．7760　　B．8000

C．8240　　D．10000

【答案】A。

【解析】该设备每年应计提的折旧额 $=80000\times\dfrac{1-3\%}{10}=7760$ 元。

三、盈利能力分析指标计算与评价标准

采分点 1　静态投资回收期

【考生必掌握】

静态投资回收期（P_t）指标分析见表 2-2-6。

静态投资回收期（P_t）指标分析　　表 2-2-6

项目	内容
计算公式	（1）项目建成投产后各年的净收益（即净现金流量）均相同的计算公式： $$静态投资回收期=\frac{项目全部投资}{每年的净收益}+建设期$$ （2）项目建成投产后各年的净收益不相同的计算公式为： $$P_t=（累计净现金流量出现正值的年份数-1）+\frac{上一年累计净现金流量的绝对值}{出现正值年份的净现金流量}$$

续表

项目	内容
评价准则	（1）若静态投资回收期（P_t）≤基准投资回收期（P_e），可以考虑接受。 （2）若静态投资回收期（P_t）>基准投资回收期（P_e），是不可行的

【想对考生说】

该采分点考试时主要考查静态投资回收期的计算题目，考生应注意审题，根据条件选取公式运用。另外，要注意投资回收期可以自项目建设开始年算起，也可以自项目投产年开始算起，但应予以注明。

【还会这样考】

1．某项目建设投资为1000万元，流动资金为200万元，建设当年即投产并达到设计生产能力，年净收益为340万元。则该项目的静态投资回收期为（　）年。

A．7.14　　B．3.53

C．2.94　　D．2.35

【答案】B。

【想对考生说】

这道题目投产后各年的净收益（即净现金流量）均相同，应选择第一个公式。

2．某项目财务现金流量见表2-2-7，则该项目的静态投资回收期为（　）年。

项目财务现金流量表　　表2-2-7

计算期（年）	1	2	3	4	5	6	7	8
净现金流量（万元）	-800	-1000	400	600	600	600	600	600
累计净现金流量（万元）	-800	-1800	-1400	-800	-200	400	1000	1600

A．5.33　　B．5.67

C．6.33　　D．6.67

【答案】A。

3．某投资方案的现金流量见表2-2-8，设基准收益率（折现率）为8%，则静态投资回收期为（　）年。

某投资方案的现金流量表　　表2-2-8

计算期（年）	0	1	2	3	4	5	6	7
现金流入（万元）	—	—	—	800	1200	1200	1200	1200
现金流出（万元）	—	600	900	500	700	700	700	700

A．2.25　　B．3.58

C．5.40　　D．6.60

【答案】C。

【解析】投资方案净现金流量及累计净现金流量的计算见表 2-2-9。

投资方案净现金流量及累计净现金流量表　　表 2-2-9

计算期（年）	0	1	2	3	4	5	6	7
现金流入（万元）	—	—	—	800	1200	1200	1200	1200
现金流出（万元）	—	600	900	500	700	700	700	700
净现金流量		−600	−900	300	500	500	500	500
累计净现金流量		−600	−1500	−1200	−700	−200	300	800

静态投资回收期$P_t = (6-1) + \frac{|-200|}{500} = 5.4$年。

采分点 2　投资收益率

【考生必掌握】

投资收益率指标分析见表 2-2-10。

投资收益率指标分析　　表 2-2-10

项目		内容
应用指标	总投资收益率（ROI）	$ROI = \frac{EBIT}{TI} \times 100\%$ 式中　EBIT——项目达到设计生产能力后正常年份的年息税前利润或运营期内年平均息税前利润； TI——项目总投资
	资本金净利润率（ROE）	$ROE = \frac{NP}{EC} \times 100\%$ 式中　NP——项目达到设计生产能力后正常年份的年净利润或运营期内平均净利润； EC——项目资本金
评价准则		（1）若投资收益率（R）≥基准投资收益率（R_c），可以考虑接受。 （2）若投资收益率（R）＜基准投资收益率（R_c），是不可行的

【想对考生说】

该采分点主要考查计算题目，还可能根据计算结果判断项目是否可行。考生应能区分公式中字母的含义。

【还会这样考】

1．总投资收益率是指项目达到设计能力后正常年份的（　　）与项目总投资的比率。

A．息税前利润　　B．净利润

C．总利润扣除应缴纳的税金　　D．总利润扣除应支付的利息

【答案】A。

2．某项目建设投资为 8250 万元，建设期利息为 620 万元，全部流动资金 700 万元，

其中铺底流动资金 210 万元，项目投产后正常年份的年平均息税前利润为 500 万元，则该项目的总投资收益率为（　）。

A．6.06%　　B．5.64%

C．5.51%　　D．5.22%

【答案】D。

【解析】该项目的总投资收益率＝500/（8250+620+700）×100%＝5.22%。

3．某投资方案总投资 1500 万元，其中资本金 1000 万元，运营期年平均利息 18 万元，年平均所得税 40.5 万元。若项目总投资收益率为 12%，则项目资本金净利润率为（　）。

A．16.20%　　B．13.95%

C．12.15%　　D．12.00%

【答案】C。

【解析】项目资本金净利润率＝（1500×12%－40.5－18）/1000×100%＝12.15%。

采分点 3　财务净现值

【考生必掌握】

财务净现值（*FNPV*）指标分析见表 2-2-11。

财务净现值（*FNPV*）指标分析　　表 2-2-11

项目	内容
计算公式	$FNPV=\sum_{t=0}^{n}(CI-CO)_t(1+i_c)^{-t}$ 式中　*FNPV*——净现值； $(CI-CO)_t$——第 t 年的净现金流量（应注意“+”“−”号）； i_c——基准收益率； n——方案计算期
评价准则	（1）当方案的 $FNPV\geqslant 0$ 时，在财务上是可行的。 （2）当方案的 $FNPV<0$ 时，在财务上是不可行的

【想对考生说】

该采分点主要考查两个内容：

（1）财务净现值的计算。运用的资金时间价值系数（P/F，i，n）。还会根据计算结果判断项目的可行性。

（2）确定基准收益率考虑的因素，这会是一个多项选择题。

扫码学习

【还会这样考】

1．某投资方案的净现金流量见表 2-2-12，若基准收益率大于 0，则该方案的财务净现值可能的范围是（　）。

某投资方案的净现金流量 表 2-2-12

计算期（年）	0	1	2	3	4	5
净现金流量（万元）	—	-300	-200	200	600	600

A．等于 1400 万元
B．大于 900 万元，小于 1400 万元
C．等于 900 万元
D．小于 900 万元

【答案】D。

【解析】基准收益率起到对净现金流的折减作用，随着折现率的增加，则净现值逐步地变小。所以基准收益率大于 0 的净现值，一定小于基准收益率等于 0 的净现值。基准收益率等于 0 时，净现值为 900 万元，所以基准收益率大于 0，净现值一定小于 900 万元。故选项 D 正确。

2．已知某项目的净现金流量见表 2-2-13。若 $i=8\%$，则该项目的财务净现值为（　）万元。

某项目的净现金流量 表 2-2-13

计算期（年）	1	2	3	4	5	6
净现金流量（万元）	-4200	-2700	-1500	2500	2500	2500

A．93.98
B．101.71
C．108.00
D．109.62

【答案】B。

【解析】财务净现值=［-4200（P/F，8%，1）-2700（P/F，8%，2）+1500（P/F，8%，3）+2500（P/A，8%，3）（P/F，8%，3）］=101.71 万元。

采分点 4　财务内部收益率

【考生必掌握】

财务内部收益率指标（*FIRR*）分析见表 2-2-14。

财务内部收益率（*FIRR*）指标分析 表 2-2-14

项目	内容
计算公式	财务内部收益率是指项目在整个计算期内各年净现金流量现值累计等于零时的折现率，是考察项目盈利能力的主要动态评价指标。其表达式为： $\sum_{t=0}^{n}(CI-CO)_t(1+FIRR)^{-t}=0$

续表

项目	内容
计算公式	用内插法求得 *FIRR* 的近似值，其计算公式为： $$FIRR \approx i_1 + \frac{FNPV_1}{FNPV_1 + \lvert FNPV_2 \rvert}(i_2 - i_1)$$
评价准则	(1) 若 $FIRR \geqslant$ 基准收益率 i_c，则方案在财务上可以接受。 (2) 若 $FIRR <$ 基准收益率 i_c，则方案在财务上应予拒绝

【想对考生说】

该采分点主要考查财务净现值与财务内部收益率的关系及采用内插法求得 *FIRR* 的近似值。

财务净现值 *FNPV* 为折现率 i 的函数，且随着 i 值增大，*FNPV* 为一单调递减连续函数，财务净现值 *FNPV* 由正值递减为负值，其间有一个点在 *F* 处与横轴相交，交点处的折现率就是使 *FNPV* = 0 时的收益率 *FIRR*，即内部收益率，如图 2-2-3 所示。

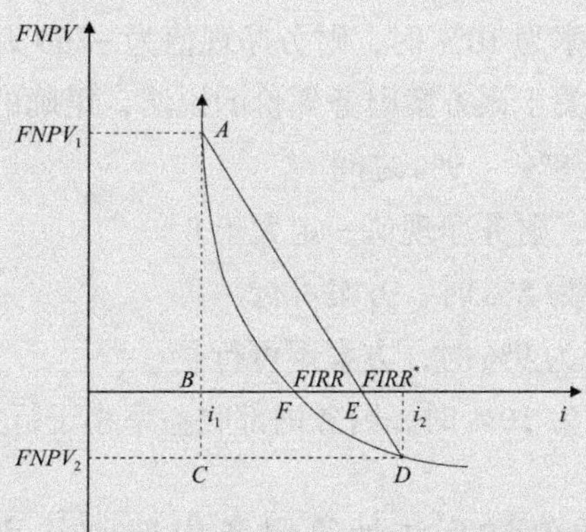

图 2-2-3 财务内部收益率近似图

线性插值试算法来求得财务内部收益率的近似值的基本步骤如下：

第一步：首先选定一个适当的折现率 i_0。

第二步：用选定的折现率 i_0 求出该方案的财务净现值。

(1) 若财务净现值 = 0，则该方案的财务内部收益率就是所选定的折现率 i_0。

(2) 若财务净现值 > 0，则适当使 i_0 增大，重新计算该方案的财务净现值。

(3) 若财务净现值 < 0，则适当使 i_0 减小，重新计算该方案的财务净现值。

重复第二步中的 (2) 或 (3)，直至找到这样两个折现率 i_1 和 i_2，使其对应求出的财务净现值 $FNPV(i_1) > 0$，$FNPV(i_2) < 0$。

第三步：用线性插值试算公式求出财务内部收益率的近似值。

财务内部收益率的计算误差与 i_2-i_1 的大小有关。i_2 与 i_1 之差最好不超过2%，一般不应超过5%。

【还会这样考】

1．某投资方案 *FNPV*（16%）= 160 万元，*FNPV*（18%）= −80 万元，则 *FIRR* 最可能为（　）。

A．15.98%　　B．16.21%

C．17.33%　　D．18.21%

【答案】C。

2．某投资方案，若基准收益率增大，则项目评价指标的变化规律是（　）。

A．财务净现值减小，财务内部收益率不变

B．财务净现值与财务内部收益率均减小

C．财务净现值与财务内部收益率均增大

D．财务净现值增大，财务内部收益率减小

【答案】A。

3．某投资方案当折现率为 10% 时，财务净现值为 −360 万元；当折现率为 8% 时，财务净现值为 30 万元。则关于该方案财务评价的说法，正确的有（　）。

A．财务内部收益率在 8% ~ 9% 之间

B．当折现率为 9% 时，财务净现值一定大于 0

C．当行业基准收益率为 8% 时，方案可行

D．当行业基准收益率为 9% 时，方案不可行

E．当行业基准收益率为 10% 时，财务内部收益率小于行业基准收益率

【答案】ACDE。

【解析】通过线性插值试算法计算财务内部收益率：财务内部收益率 $=8\%+\dfrac{30}{30+|-360|}\times(10\%-8\%)=8.08\%$，在 8% ~ 9% 之间。财务内部收益率大于基准收益率时，方案可行，小于基准收益率时，方案不可行。所以选项 ACDE 正确，选项 B 错误。

四、偿债能力分析指标计算与评价标准

【考生必掌握】

偿债能力分析指标计算与评价标准见表 2-2-15。

【想对考生说】

本考点内容虽然不多，但可考点比较多，考试时会考核概念题、公式表述题以及对评判标准表述的题目。

偿债能力分析指标计算与评价标准　　表 2-2-15

评价指标	计算公式	评判标准
利息备付率（*ICR*）	$利息备付率=\frac{息税前利润}{当期应付利息}$	利息备付率是从付息资金来源的充裕性角度反映项目偿付债务利息的保障程度。利息备付率越高，表明利息偿付的保障程度越高。对于正常运营的企业，利息备付率应当大于 1
偿债备付率（*DSCR*）	$偿债备付率=\frac{可用于还本付息资金}{当期应还本付息金额}$ 可用于还本付息资金＝息税前利润＋折旧＋摊销－企业所得税 当期应还本付息金额＝当期应还本金＋计入总成本费用的全部利息	偿债备付率表示可用于还本付息的资金偿还借款本息的保障程度。 在正常情况下偿债备付率应当大于 1。当偿债备付率指标小于 1 时，表示当年资金来源不足以偿付当期债务，需要通过短期借款偿付已到期债务
资产负债率（*LOAR*）	$资产负债率=\frac{期末负债总额}{期末资本总额}\times 100\%$	适度的资产负债率，表明企业经营安全、稳健，具有较强的筹资能力，也表明企业和债权人的风险较小

【还会这样考】

1．下列财务评价指标中，属于偿债能力评价指标的是（　）。

A．财务净年值　　B．利息备付率

C．财务内部收益率　　D．总投资收益率

【答案】 B。

> **【想对考生说】**
> 偿债能力分析评价指标与盈利能力分析评价指标考试时会相互作为干扰选项。

2．要保证项目生产运营期有足够资金支付到期利息，项目的利息备付率最低不应低于（　）。

A．0.5　　B．1

C．3　　D．5

【答案】 B。

3．关于利息备付率的说法，正确的是（　）。

A．利息备付率越高，表明利息偿付的保障程度越高

B．利息备付率越高，表明利息偿付的保障程度越低

C．利息备付率大于零，表明利息偿付能力强

D．利息备付率小于零，表明利息偿付能力强

【答案】 A。

4．偿债备付率是在项目借款偿还期内（　）的比值。

A．各年企业可用于支付利息的息税前利润与当期应还本付息金额

B．各年可用于还本付息的资金与当期应还本付息金额

C．各年可用于还本付息的资金与当期应付利息

D．各年企业可用于支付利息的息税前利润与当期应付利息

【答案】B。

5．资产负债率是指各期末（　）的比率。

A．长期负债与长期资产

B．长期负债与固定资产总额

C．负债总额与资产总额

D．固定资产总额与负债总额

【答案】C。

6．偿债备付率指标中“可用于还本付息的资金”包括（　）。

A．无形资产摊销费

B．营业税及附加

C．息税前利润

D．固定资产大修理费

E．固定资产折旧费

【答案】ACE。

五、国民经济评价

采分点 1　国民经济评价的范围

【考生必掌握】

（1）从社会资源优化配置的角度评价。

①具有垄断特征的项目。

②产出具有公共产品特征的项目。

③外部效果显著的项目。

④资源开发项目。

⑤涉及国家经济安全的项目。

⑥受过度行政干预的项目。

（2）从投资管理的角度评价。

①政府预算内投资（包括国债资金）的用于关系国家安全、国土开发和市场不能有效配置资源的公益性项目和公共基础设施建设项目、保护和改善生态环境项目、重大战略性资源开发项目。

②政府各类专题建设基金投资的用于交通运输、农林水利等基础设施、基础产业建设项目。

③利用国际金融组织和外国政府贷款，需要政府主权信用担保的建设项目。

④法律、法规规定的其他政府性资金投资的建设项目。

⑤企业投资建设的涉及国家经济安全、影响环境资源、公共利益、可能出现垄断、涉及整体布局等公共性问题，需要政府核准的建设项目。

【想对考生说】

该采分点是一个典型的多项选择题采分点，注意区分不同角度评价的项目范围。

【还会这样考】

从社会资源优化配置的角度，下列类型项目需要进行国民经济评价的有（　）。

A．具有垄断特征的项目

B．政府预算内投资的重大战略性资源开发项目

C．外部效果显著的项目

D．基础设施、基础产业建设项目

E．受过度行政干预的项目

【答案】ACE。

采分点 2　国民经济评价指标

【考生必掌握】

国民经济评价指标的计算及评判标准见表 2-2-16。

国民经济评价指标的计算及评判标准　　表 2-2-16

评价指标	计算公式	评判标准
经济净现值 $ENPV$	$ENPV=\sum_{t=1}^{n}(B-C)_t(1+i_s)^{-t}$ 式中　B——经济效益流量； C——经济费用流量； i_s——社会折现率； $(B-C)_t$——第 t 年的经济净效益流量； n——项目计算期	$ENPV \geqslant 0$，表明项目可以达到符合社会折现率的效益水平，认为该项目从经济资源配置的角度可以被接受
经济内部收益率 $EIRR$	$\sum_{t=1}^{n}(B-C)_t(1+EIRR)^{-t}=0$	$EIRR \geqslant i_s$，表明项目资源配置的经济效益达到了可以接受的水平
经济效益费用比 R_{BC}	$R_{BC}=\dfrac{\sum_{t=1}^{n}B_t(1+i_s)^{-t}}{\sum_{t=1}^{n}C_t(1+i_s)^{-t}}$ 式中　B_t——第 t 年的经济效益； C_t——第 t 年的经济费用	$R_{BC}>1$，表明项目资源配置的经济效益达到了可以被接受的水平

【还会这样考】

1．国民经济评价指标包括（　）。

A．经济净现值　　B．经济内部收益率

C．经济效益费用比　　D．资本金净利润率

E．总投资收益率

【答案】ABC。

2．可以表明项目资源配置的经济效益达到了可以接受的水平的评判标准是（　）。

A．经济净现值大于零　　B．经济内部收益率大于社会折现率

C．经济净现值等于零　　D．经济效益费用比大于 1

【答案】B。

第三章 投资估算与资金筹措

第一节 投资估算

【考生必掌握】

项目投资估算是项目建设所需资金总额的估算，主要掌握投资估算的依据和作用，具体内容见表 2-3-1。

投资估算的依据和作用 表 2-3-1

项目	内容
依据	（1）经批准的项目建议书投资估算文件。 （2）水利部《水利水电工程可行性研究报告编制规程》SL/T 618—2021。 （3）水利部《水利工程设计概（估）算编制规定》（水总〔2014〕429 号）。 （4）水利部《水利建筑工程概算定额》《水利水电设备安装工程概算定额》《水利水电工程施工机械台时费定额》。 （5）可行性研究报告提供的工程规模、工程等级、主要工程项目的工程量等资料。 （6）投资估算指标、概算指标。 （7）建设项目中的有关资金筹措的方式、实施计划、贷款利息、对建设投资的要求等。 （8）工程所在地的人工工资标准、材料供应商价格、运输条件、运费标准及地方性材料储备量等资料。 （9）当地政府有关征地、拆迁、安置、补偿标准等文件或通知。 （10）编制可行性研究报告的委托书、合同或协议
作用	（1）投资估算是项目审批部门审批项目建议书和可行性研究报告的依据之一，对制定项目规划、控制项目规模起参考作用。 （2）投资估算是项目投资决策的重要依据。 （3）投资估算是项目筹资决策的重要依据。 （4）投资估算对初步设计概算起控制作用

【想对考生说】

本考点一般会考核判断正确与错误说法的综合题目。

【还会这样考】

关于投资估算作用的说法，正确的有（　）。

A．项目投资估算是项目建设所需资金总额的估算

B．投资估算是项目投资决策的重要依据，不得突破

C．投资估算不能作为项目规划的依据

D．投资估算是项目审批部门审批项目建议书和可行性研究报告的依据

E．投资估算对初步设计概算起控制作用

【答案】ADE。

第二节　资金筹措

一、项目资本金制度

【考生必掌握】

项目资本金是指在建设项目总投资中，由投资者认缴的出资额，对建设项目来说是非债务性资金，项目法人不承担这部分资金的任何利息和债务；投资者可按其出资的比例依法享有所有者权益。经营性项目筹集的资本金，在项目建设期间和生产经营期间，投资者除依法转让外，不得以任何方式抽走。

项目资金的来源主要掌握两点：一是项目资本金的出资方式，可以用货币出资，也可以用实物、工业产权、非专利技术、土地使用权作价出资（这是一个多项选择题采分点，或者是作为判断正确与错误说法题目中的备选项出现）。二是以货币方式认缴的资本金的资金来源。以工业产权、非专利技术作价出资的比例不得超过投资项目资本金总额的20%，国家对采用高新技术成果有特别规定的除外。

项目资本金管理这部分内容中，要特别注意以下两点：

（1）投资项目资本金只能用于项目建设，不得挪作他用，更不得抽回。

（2）凡资本金不落实的投资项目，一律不得开工建设。

【还会这样考】

1．项目资本金是指（　）。

A．项目建设单位的注册资金

B．项目总投资中的固定资产投资部分

C．项目总投资中由投资者认缴的出资额

D．项目开工时已经到位的资金

【答案】C。

2．关于项目资本金的说法，正确的是（　）。

A．所有投资项目都必须实行资本金制度

B．投资项目部分资本金可以用非专利技术作价出资

C．政府的财政预算内资金不能作为项目资本金的资金来源

D．对国家重点建设项目，一律不得降低资本金比例

【答案】B。

3．关于项目资本金性质或特征的说法，正确的是（　）。

A．项目资本金是债务性资金

B．项目法人不承担项目资本金的利息

C．投资者不可转让其出资

D．投资者可以任何方式抽回其出资

【答案】B。

4．固定资产投资项目实行资本金制度，以工业产权，非专利技术作价出资的比例不得超过投资项目资本金总额的（　）。

A．20%　　B．25%

C．30%　　D．35%

【答案】A。

5．项目资本金可以用货币出资，也可用（　）作价出资。

A．实物　　B．工业产权

C．专利技术　　D．企业商誉

E．土地所有权

【答案】AB。

二、项目资金筹措渠道和方式

采分点 1　项目资本金筹措渠道与方式

【考生必掌握】

根据筹措主体不同，可分为既有法人项目资本金筹措和新设法人项目资本金筹措，我们通过表 2-3-2 来总结两种方式。

项目资本金筹措渠道与方式　　表 2-3-2

筹措方式		内容
既有法人项目资本金筹措	内部资金来源	（1）企业的现金。 （2）未来生产经营中获得的可用于项目的资金。 （3）企业资产变现。 （4）企业产权转让
	外部资金来源	（1）企业增资扩股。 （2）优先股。 （3）国家预算内投资
新设法人项目资本金筹措		（1）在新法人设立时由发起人和投资人按项目资本金额度要求提供足额资金。主要形式有： ①在资本市场募集股本资金，包括私募和公开募集。 ②合资合作。 （2）由新设法人在资本市场上进行融资来形成项目资本金

【想对考生说】

这部分内容要重点掌握既有法人项目资本金筹措，既有法人可用于项目资本金的内部来源和外部来源在考核时会相互作为干扰选项。

在内部资金来源中，企业资产变现通常包括：短期投资、长期投资、固定资产、无形资产的变现。

【还会这样考】

1．与发行债券相比，发行优先股的特点是（　　）。

A．融资成本较高　　B．股东拥有公司控制权

C．股息不固定　　D．股利可在税前扣除

【答案】A。

2．新设法人项目的项目资本金，可通过（　　）方式筹措。

A．企业产权转让

B．在证券市场上公开发行股票

C．商业银行贷款

D．在证券市场上公开发行债券

【答案】B。

3．下列资金来源中，属于既有法人项目资本金内部资金来源的有（　　）。

A．新投资人投资　　B．无形资产变现

C．短期投资变现　　D．企业产权转让

E．增资扩股

【答案】BCD。

采分点 2　债务资金筹措渠道与方式

【考生必掌握】

债务资金主要通过信贷、债券、租赁等方式进行筹措，我们通过表 2-3-3 来总结几种方式。

债务资金筹措渠道与方式　　表 2-3-3

项目＼方式	信贷	债券	租赁
方式	国内信贷资金：商业银行和政策性银行等提供的贷款。 国外信贷资金：商业银行的贷款，以及世界银行、亚洲开发银行等国际金融机构贷款。此外，还有外国政府贷款、出口信贷以及信托投资公司等非银行金融机构提供的贷款	（1）企业债券融资。 （2）可转换债券融资	（1）经营性租赁。 （2）融资性租赁

续表

项目＼方式	信贷	债券	租赁
特点	是公司融资和项目融资中最基本、最简单、比重最大的形式	优点：筹资成本较低、保障股东控制权、发挥财务杠杆作用、便于调整资金结构。 缺点：财务杠杆负效应、企业总资金成本增大、经营灵活性降低	（1）租赁期短于租入设备经济寿命时，经营租赁可节约成本，避免经济寿命在项目上的空耗。 （2）融资租赁的优点：迅速获得所需资产的长期使用权；具有较强的灵活性；降低设备取得成本

【想对考生说】

信贷方式融资内容较多，可能会考核判断正确与错误说法的综合题目，注意掌握。

债券筹资方式的特点可能会考核多项选择题。

【还会这样考】

1．关于信贷方式融资的说法，正确的是（　）。

A．国际金融机构贷款的期限安排可以有附加条件

B．国外商业银行的贷款利率由各国中央银行决定

C．出口信贷通常需对设备价款全额贷款

D．政策性银行贷款利率通常比商业银行贷款利率高

【答案】A。

2．在公司融资和项目融资中，所占比重最大的债务融资方式是（　）。

A．发行股票　　B．信贷融资

C．发行债券　　D．融资租赁

【答案】B。

3．投资项目债务资金的来源渠道和方式主要有（　）。

A．经营租赁　　B．出口信贷

C．企业债券　　D．银行贷款

E．政府贷款贴息

【答案】ABCD。

三、项目融资主要方式

采分点1　BOT方式与TOT方式

【考生必掌握】

BOT是一类项目融资方式的总称，通常所说的BOT主要包括典型BOT、BOOT及BOO三种基本形式。

与 BOT 方式相比，TOT 方式有四个特点，分别是从项目融资角度、具体运作过程、东道国政府角度、投资者角度阐述。

除了上述三种基本形式外，BOT 方式还有十余种演变形式，如 BT、BTO。BT 项目中，投资者仅获得项目的建设权，而项目的经营权则属于政府，BT 融资形式适用于各类基础设施项目，特别是出于安全考虑的必须由政府直接运营的项目。对银行和承包商而言，BT 项目的风险可能比基本的 BOT 项目大。

【想对考生说】

BOT 方式的特点一般会考核两种题型：

一是对某一项特点的阐述，判断融资方式。

二是对 BOT 方式特点的表述正确与否的题目。

【还会这样考】

1. 关于 BT 项目经营权和所有权归属的说法，正确的是（　）。

A. 特许期经营权属于投资者，所有权属于政府

B. 经营权属于政府，所有权属于投资者

C. 经营权和所有权均属于投资者

D. 经营权和所有权均属于政府

【答案】D。

2. 从投资者角度看，既能回避建设过程风险，又能尽快取得收益的项目融资方式是（　）方式。

A. BT　　B. BOO

C. BOOT　　D. TOT

【答案】D。

3. 与 BOT 融资方式相比，TOT 融资方式的特点是（　）。

A. 信用保证结构简单

B. 项目产权结构易于确定

C. 不需要设立具有特许权的专门机构

D. 项目招标程序大为简化

【答案】A。

采分点 2　ABS 方式

【考生必掌握】

ABS 融资方式的运作过程主要包括五方面，分别是：①组建特殊目的机构 SPV；② SPV 与项目结合；③进行信用增级；④ SPV 发行债券；⑤ SPV 偿债。

BOT 方式与 ABS 方式的比较见表 2-3-4。

BOT方式与ABS方式的比较　表2-3-4

比较	BOT方式	ABS方式
所有权、运营权归属	在特许经营期内是属于项目公司的，在特许期经营结束之后，所有权与经营权将会移交给政府	所有权在债券存续期内由原始权益人转至SPV，而经营权与决策权仍属于原始权益人，债券到期后，所有权重新回到原始权益人手中
适用范围	不适用对于关系国家经济命脉或包括国防项目在内的敏感项目	应用更加广泛
资金来源	主要都是民间资本，可以是国内资金，也可以是外资，如项目发起人自有资金、银行贷款等。ABS方式通过证券市场发行债券这一方式筹集资金	
对项目所在国的影响	会给东道国带来一定负面效应	较少给东道国带来负面效应
风险分散度	主要由政府、投资者/经营者、贷款机构承担	由众多的投资者承担
融资成本	过程复杂、牵涉面广、融资成本因中间环节多而增加	过程简单，降低了融资成本

【想对考生说】

BOT方式与ABS方式的比较一般会考核正确与否的表述题目，要特别注意所有权、运营权归属以及资金来源。

【还会这样考】

1．关于项目融资ABS方式特点的说法，正确的是（　　）。

A．项目经营权与决策权属特殊目的机构（SPV）

B．债券存续期内资产所有权归特殊目的机构（SPV）

C．项目资金主要来自项目发起人的自有资金和银行贷款

D．复杂的项目融资过程增加了融资成本

【答案】B。

2．用ABS融资方式进行项目融资的物质基础是（　　）。

A．债券发行机构的注册资金

B．项目原始权益人的全部资产

C．债券承销机构的担保资产

D．具有可靠未来现金流量的项目资产

【答案】D。

采分点3　PFI方式

【考生必掌握】

PFI通常有三种典型模式，即经济上自立的项目、向公共部门出售服务的项目与合资经营项目。

PFI方式的核心旨在增加包括私营企业参与的公共服务或者是公共服务的产出大众化。优点主要体现在以下几个方面：

（1）PFI有非常广泛的适用范围，不仅包括基础设施项目，在学校、医院、监狱等公共项目上也有广泛的应用。

（2）推行PFI方式，能够广泛吸引经济领域的私营企业或非官方投资者，参与公共物品的产出。

（3）吸引私营企业的知识、技术和管理方法，提高公共项目的效率和降低产出成本，使社会资源配置更加合理化，同时也使政府摆脱了受到长期困扰的政府项目低效率的压力，使政府有更多的精力和财力用于社会发展更加急需的项目建设。

（4）PFI方式是政府公共项目投融资和建设管理方式的重要的制度创新。

PFI方式与BOT方式在本质上没有太大区别，但在一些细节上仍存在不同，主要表现在适用领域、合同类型、承担风险、合同期满处理方式等方面，具体见表2-3-5。

PFI方式与BOT方式的比较　　表2–3–5

比较	PFI方式	BOT方式
适用领域	应用面更广，在一些非营利性的、公共服务设施项目（如学校、医院、监狱等）同样可以采用	主要用于基础设施或市政设施，如机场、港口、电厂、公路、自来水厂等，以及自然资源开发项目
合同类型	服务合同	特许经营合同
承担风险	私营企业承担设计风险	政府承担设计风险
合同期满处理方式	如果私营企业通过正常经营未达到合同规定的收益，可以继续保持运营权	一般会规定特许经营期满后，项目必须无偿交给政府管理及运营

【想对考生说】

PFI方式的核心会是一个单项选择题采分点。

PFI方式的适用范围包括基础设施项目和公共项目，注意不是公益项目。

【还会这样考】

1. PFI融资方式的主要特点是（　）。

A．适用于公益性项目

B．适用于私营企业独立出资的项目

C．合同期满后，私营企业可以继续保持运营权

D．项目的设计风险须由政府承担

【答案】C。

2. 采用PFI融资方式，政府部门与私营部门签署的合同类型是（　）。

A．服务合同　　B．特许经营合同

C．承包合同　　D．融资租赁合同

【答案】A。

采分点 4　政府和社会资本合作（PPP）模式

【考生必掌握】

这部分内容较多，主要讲述了 PPP 模式的适用范围、实施方案的内容、物有所值（VFM）与财政承受能力论证。这里主要讲解物有所值（VFM）与财政承受能力论证，见表 2-3-6。

物有所值（VFM）与财政承受能力论证　　表 2-3-6

项目		内容
物有所值评价	定性评价	六项基本评价指标：全生命周期整合程度、风险识别与分配、绩效导向与鼓励创新、潜在竞争程度、政府机构能力、可融资性等。 补充评价指标：项目规模大小、预期使用寿命长短、主要固定资产种类、全生命周期成本测算准确性、运营收入增长潜力、行业示范性等
	定量评价	物有所值定量评价是在假定采用 PPP 模式与政府传统投资方式产出绩效相同的前提下，通过对 PPP 项目全生命周期内政府方净成本的现值（PPP 值）与公共部门比较值（PSC 值）进行比较，判断 PPP 模式能否降低项目全生命周期成本。 PSC 值是以下三项成本的全生命周期现值之和：参照项目的建设和运营维护净成本、竞争性中立调整值、项目全部风险成本。 PPP 值小于或等于 PSC 值的，认定为通过定量评价；PPP 值大于 PSC 值的，认定为未通过定量评价
财政承受能力论证		（1）责任识别。 （2）支出测算。 （3）能力评估

【想对考生说】

考核物有所值定性评价指标时，基本评价指标与补充评价指标会相互作为干扰选项。

PSC 值包括三项成本要牢记。

财政承受能力论证这部分内容中，关于支出测算中涉及的公式一般不会考核，了解即可。

【还会这样考】

1. 下列指标中，属于政府和社会资本合作（PPP）项目物有所值定性评价基本指标的是（　）。

A. 项目规模　　B. 全生命周期成本

C. 运营收入正常潜力　　D. 全生命周期整合程度

【答案】D。

2. 政府和社会资本合作（PPP）项目物有所值评价中采用 PPP 值和 PSC 值进行比较，其中 PSC 值的确定一般应参照（　）。

A．项目的建设和运营维护净成本、竞争性中立调整值、项目全部风险成本

B．项目的建设成本、竞争性中立调整值、项目全部风险成本

C．项目的建设和运营维护净成本、竞争性中立调整值、社会资本的风险成本

D．项目的建设成本、竞争性中立调整值、政府自留的风险成本

【答案】A。

四、水利基本建设资金筹集与管理要求

【考生必掌握】

水利基本建设资金来源包括以下方面：

（1）财政预算内基本建设资金（包括国债专项资金）。

（2）用于水利基本建设的水利建设基金。

（3）国内银行及非银行金融机构贷款。

（4）经国家批准由有关部门发行债券筹集的资金。

（5）经国家批准由有关部门和单位向外国政府或国际金融机构筹集资金。

（6）其他经批准用于水利基本建设项目的资金。

水利基本建设资金管理要求包括以下方面：

（1）专款专用原则。

（2）水利基本建设资金按照基本建设程序支付。

（3）水利前期工作费：项目立项前的前期工作费，由负责此项工作的项目主管部门，按照下达的年度投资计划和基本建设支出预算、批准的前期工作内容、工作进度进行支付；项目立项后的前期工作费，由建设单位（项目法人）负责使用和管理，按勘察设计合同规定的条款支付。

（4）工程价款按照建设工程合同规定条款、实际完成的工作量及工程监理情况结算与支付。设备、材料货款按采购合同规定的条款支付。

（5）预付款应在建设工程或设备、材料采购合同已经签订，施工或供货单位提交了经建设单位财务部门认可的银行履约保函和保险公司的担保书后，按照合同规定的条款支付。

（6）基本预备费动用，应由建设单位（项目法人）提出申请，报经上级有审批权的部门批准，其使用额度应严格控制在概（预）算所列的金额之内。

（7）国债专项资金实行“专户管理，部门直接拨付资金”的办法，严格执行专户管理的规定，主管部门应根据项目法人的资金需求计划，向财政部门申请拨付国债专项资金，并根据财政部门核定的拨款，严格按照基本建设支出预算、工程进度以及项目配套资金的到位比例，拨付国债资金。

【还会这样考】

水利基本建设资金来源于（　　）。

A．财政预算内基本建设资金（不包括国债专项资金）

B．用于水利基本建设的水利建设基金

C．国内银行及非银行金融机构贷款

D．经国家批准由有关部门发行债券筹集的资金

E．经国家批准由有关部门和单位向外国政府或国际金融机构筹集资金

【答案】BCDE。

第四章 初步设计阶段投资控制

第一节 提高设计经济合理性的方法手段

一、设计方案优选、标准设计与限额设计

【考生必掌握】

1．设计方案优选

设计方案优选又称设计方案竞赛。设计方案竞赛不存在中标不中标的问题，而是通过竞赛，选取优秀设计方案。

2．标准设计

标准设计是指按照国家现行标准规范，对各种建筑、结构和构配件等编制的具有重复作用性质的整套技术文件，经主管部门审查、批准后颁发的全国、部门或地方通用的设计。标准设计从管理权限和适用范围方面来讲，分为国家标准设计，部颁标准设计，省、自治区、直辖市标准设计。

3．限额设计

限额设计就是按批准的可行性研究投资估算控制初步设计，按批准的初步设计总概算控制施工图设计，即将上阶段审定的投资额先行分解到各专业，然后再分解到各单位工程和分部工程。各专业在保证达到使用功能的前提下，按分配的投资限额控制设计，并严格控制设计的不合理变更，保证总投资限额不被突破的工程设计过程。

限额设计中，工程使用功能不能减少，技术标准不能降低，工程规模也不能削减。因此，限额设计需要在投资额度不变的情况下，实现使用功能和建设规模的最大化。

【想对考生说】

这部分内容主要区分标准设计与限额设计的概念即可。

【还会这样考】

限额设计需要在投资额度不变的情况下，实现（　）的目标。

A．设计方案和施工组织最优化　　B．总体布局和设计方案最优化

C．建设规模和投资效益最大化　　D．使用功能和建设规模最大化

【答案】D。

二、价值工程

采分点 1　价值工程的基本概念

【考生必掌握】

价值工程是以提高产品或作业价值为目的，通过有组织的创造性工作，寻求用最低的寿命周期成本，可靠地实现使用者所需功能的一种管理技术。这里所述的价值是对象的比较价值，表达式为：

$$V=F/C$$

式中　V——研究对象的价值；

F——研究对象的功能；

C——研究对象的成本，即周期寿命成本。

【想对考生说】

如果考查价值的含义，使用价值、经济价值、交换价值会是干扰选项。从上面的概念，也可以看出价值工程涉及价值、功能和寿命周期成本三个要素。那么价值工程又具有怎样的特点呢？

（1）价值工程的目标是以最低的寿命周期成本，实现产品必须具备的功能。产品的寿命周期成本由生产成本和使用及维护成本组成。

【想对考生说】

在价值工程理论中，强调的是总成本的降低，即整个系统的经济效果，如图 2-4-1 所示。

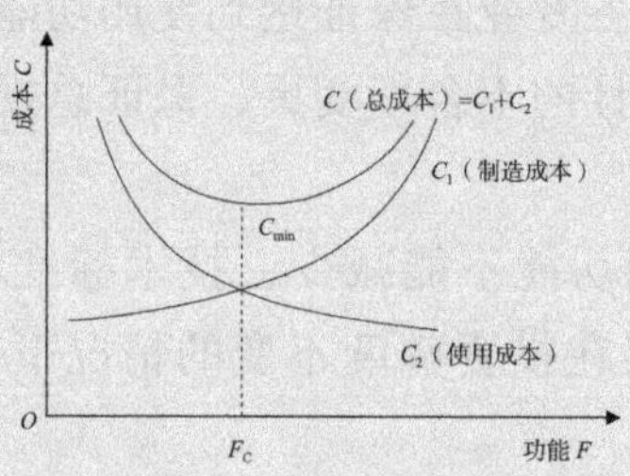

图 2-4-1　功能与成本的关系

从图中可以看出，对应于功能 F，产品寿命周期总成本有一个最低点，从价值工程的角度来看，功能 F 和寿命周期成本最小值 C_{min} 是一种技术与经济的最佳结合。

（2）价值工程的核心是对产品进行功能分析。

（3）价值工程将产品价值、功能和成本作为一个整体同时考虑。

（4）价值工程强调不断改革和创新，开拓新构思和新途径，获得新方案，创造新功能载体，从而简化产品结构，节约原材料，节约能源，绿色环保，提高产品的技术经济效益。

【想对考生说】

上述四个特点可能会考查判断正确与错误说法的综合题目，第（1）、（2）条也可能会单独成题，考查单项选择题。

【还会这样考】

1．价值工程的核心是对产品进行（　　）。

A．成本分析　　B．信息搜集

C．方案创新　　D．功能分析

【答案】D。

2．价值工程的目标是（　　）。

A．以最低的寿命周期成本，使产品具备其所必须具备的功能

B．以最低的生产成本，使产品具备其所必须具备的功能

C．以最低的寿命周期成本，获得最佳经济效果

D．以最低的生产成本，获得最佳经济效果

【答案】A。

3．关于价值工程的说法，正确的有（　　）。

A．价值工程的核心是对产品进行功能分析

B．价值工程涉及价值、功能和寿命周期成本三要素

C．价值工程应以提高产品的功能为出发点

D．价值工程是以提高产品的价值为目标

E．价值工程强调选择最低寿命周期成本的产品

【答案】ABD。

采分点 2　提高产品价值的基本途径

【考生必掌握】

（1）双向型——在提高产品功能的同时，又降低产品成本，这是提高价值最为理想的途径，也是对资源最有效的利用。

（2）改进型——在产品成本不变的条件下，通过改进设计，提高产品的功能，提高利用资源的成果或效用（如提高产品的性能、可靠性、寿命、维修性），增加某些用户希望的功能等，达到提高产品价值的目的。

（3）节约型——在保持产品功能不变的前提下，通过降低成本达到提高价值的目的。

（4）投资型——产品功能有较大幅度提高，产品成本有较少提高。

（5）牺牲型——在产品功能略有下降、产品成本大幅度降低的情况下，也可达到提高产品价值的目的。

【考生这样记】

价值提升的途径（5 种）：F 功能、C 成本、V 价值。

①双向型（理想型）：$\frac{F\uparrow}{C\downarrow}\rightarrow V\uparrow$。②改进型：$\frac{F\uparrow}{C}\rightarrow V\uparrow$。

③节约型：$\frac{F}{C\downarrow}\rightarrow V\uparrow$。④投资型：$\frac{F\uparrow\uparrow}{C\uparrow}\rightarrow V\uparrow$。⑤牺牲型：$\frac{F\downarrow}{C\downarrow\downarrow}\rightarrow V\uparrow$

【还会这样考】

1．根据价值工程的原理，提高产品价值最理想的途径是（　）。

A．产品功能有较大幅度提高，产品成本有较少提高

B．在产品成本不变的条件下，提高产品功能

C．在提高产品功能的同时，降低产品成本

D．在保持产品功能不变的前提下，降低成本

【答案】C。

2．人防工程设计时，在考虑战时能发挥其隐蔽功能的基础上平时利用为地下停车场。这种提高产品价值的途径是（　）。

A．改进型　　B．双向型

C．节约型　　D．牺牲型

【答案】A。

3．通过应用价值工程优化设计，使某主体结构工程达到了缩小结构构件几何尺寸，增加使用面积，降低单方造价的效果。该提高价值的途径是（　）。

A．功能不变的情况下降低成本

B．成本略有提高的同时大幅提高功能

C．成本不变的条件下提高功能

D．提高功能的同时降低成本

【答案】D。

采分点 3　价值工程的工作程序

价值工程的工作程序见表 2-4-1。

价值工程的工作程序　　表 2-4-1

工作阶段	工作步骤	对应问题
准备阶段	（1）对象选择。 （2）组成价值工程工作小组。 （3）制定工作计划	（1）价值工作的研究对象是什么。 （2）围绕价值工程对象需要做哪些准备工作

续表

工作阶段	工作步骤	对应问题
分析阶段	（1）收集整理资料。 （2）功能定义。 （3）功能整理。 （4）功能评价	（1）价值工程对象的功能是什么。 （2）价值工程对象的成本是什么。 （3）价值工程对象的价值是什么
创新阶段	（1）方案创造。 （2）方案评价。 （3）提案编写	（1）有无其他方法可以实现同样功能。 （2）新方案的成本是什么。 （3）新方案能满足要求吗
方案实施与评价阶段	（1）方案审批。 （2）方案实施。 （3）成果评价	（1）如何保证新方案的实施。 （2）价值工程活动的效果如何

【想对考生说】

该采分点需要区分每个阶段包括的工作，可能会考查多项选择题，也可能考查排序题。每个阶段的对应问题需要了解，可能会给出某个阶段，判断这个阶段对应的问题是什么。

【还会这样考】

1．价值工程分析阶段的工作包括：①功能定义；②整理资料；③功能整理；④功能评价。正确的步骤是（　）。

A．①→②→③→④　　B．①→③→②→④

C．②→①→③→④　　D．②→③→①→④

【答案】C。

2．在产品价值工程工作程序中，准备阶段需要回答的问题是（　）。

A．明确产品的成本是什么

B．确定产品的价值是什么

C．界定产品是干什么用的

D．确定价值工程的研究对象是什么

【答案】D。

3．价值工程活动过程中，分析阶段的主要工作有（　）。

A．价值工程对象选择　　B．功能定义

C．功能评价　　D．方案评价

E．方案审批

【答案】BC。

4．价值工程创新阶段的工作有（　）。

A．方案创造　　B．方案评价

C．方案审批　　D．功能整理

E．功能评价

【答案】AB。

采分点 4　功能评价

【考生必掌握】

功能价值 V 的计算及分析见表 2-4-2。

功能价值 V 的计算及分析　　表 2-4-2

计算方法	内容
功能成本法	表达式如下： $$第\,i\,个评价对象的价值系数\,V=\frac{第\,i\,个评价对象的功能评价值\,F}{第\,i\,个评价对象的现实成本\,C}$$ 功能的价值系数计算结果有以下三种情况： （1）$V=1$。即功能评价值等于功能现实成本。此时，说明评价对象的价值为最佳，一般无须改进。 （2）$V<1$。即功能现实成本大于功能评价值。这时，一种可能存在着过剩的功能，另一种可能是功能虽无过剩，但实现功能的条件或方法不佳，以致使实现功能的成本大于功能的实际需要。 （3）$V>1$。即功能现实成本小于功能评价值，表明该部件功能比较重要，但分配的成本较少
功能指数法（相对值法）	表达式如下： $$第\,i\,个评价对象的价值指数\,V_I=\frac{第\,i\,个评价对象的功能指数\,F_I}{第\,i\,个评价对象的成本指数\,C_I}$$ 价值指数的计算结果有以下三种情况： （1）$V_I=1$。评价对象的功能比重与成本比重大致平衡，合理分配，可以认为功能的现实成本是比较合理的。 （2）$V_I<1$。评价对象的成本比重大于其功能比重，此时，应将评价对象列为改进对象，改善方向主要是降低成本。 （3）$V_I>1$。评价对象的成本比重小于其功能比重

【想对考生说】

在这部分内容会有两种考查题型：

一是通过计算选择最优方案。

二是根据价值结果，判断应采取的措施。

【还会这样考】

1．现有四个施工方案可供选择，其功能评分和寿命周期成本相关数据见表 2-4-3，则根据价值工程原理应选择的最佳方案是（　　）。

功能评分和寿命周期成本相关数据　　表 2-4-3

方案	甲	乙	丙	丁
功能评分（分）	9	8	7	6
寿命周期成本（万元）	100	80	90	70

A．乙　　　　B．甲

C．丙　　　　D．丁

【答案】A。

【解析】利用公式 $V=F/C$ 求出最大值，即为最佳方案。本题的计算过程如下：

$F_{甲}=9/(9+8+7+6)=0.30$；$F_{乙}=8/(9+8+7+6)=0.27$；$F_{丙}=7/(9+8+7+6)=0.23$；$F_{丁}=6/(9+8+7+6)=0.20$。

$C_{甲}=100/(100+80+90+70)=0.29$；$C_{乙}=80/(100+80+90+70)=0.24$；$C_{丙}=90/(100+80+90+70)=0.26$；$C_{丁}=70/(100+80+90+70)=0.21$；

$V_{甲}=0.30/0.29=1.03$；$V_{乙}=0.27/0.24=1.13$；$V_{丙}=0.23/0.26=0.88$；$V_{丁}=0.20/0.21=0.95$；乙方案的价值系数最大，故应选 A 项。

2．应用价值工程原理进行功能评价时，表明评价对象的功能与成本较匹配，暂不需考虑改进的情形是价值系数（　　）。

A．大于 0　　　　B．等于 1

C．大于 1　　　　D．小于 1

【答案】B。

第二节　初步设计概算

一、设计概算的作用

【考生必掌握】

设计概算是根据初步设计图纸和有关规定计算出来的工程建设的预期费用，是初步设计的重要文件，用于衡量建设投资是否超过估算并控制下一阶段费用支出。主要作用是控制以后各阶段的投资，表现在 5 个方面：

（1）编制固定资产投资计划、确定和控制建设项目投资的依据。

（2）控制施工图设计和施工图预算的依据。

【想对考生说】

经批准的设计概算是建设工程项目投资的最高限额。

设计概算如需修改或调整，必须经原批准部门重新审批。

竣工决算不能突破施工图预算，施工图预算不能突破设计概算。

（3）衡量设计方案技术经济合理性和选择最佳设计方案的依据。

（4）编制最高投标限价和投标报价的依据。

（5）考核建设项目投资效果的依据。

【还会这样考】

1．按照国家有关规定，作为年度固定资产投资计划、计划投资总额及构成数额的编制和确定依据的是（　）。

A．经批准的投资估算　　B．经批准的设计概算

C．经批准的施工图预算　　D．经批准的工程决算

【答案】B。

2．在建设项目各阶段的工程造价中，一经批准将作为控制建设项目投资最高限额的是（　）。

A．投资估算　　B．设计概算

C．施工图预算　　D．竣工结算

【答案】B。

二、水利工程概算项目划分及内容

【考生必掌握】

水利工程概算项目划分为工程部分、建设征地移民补偿、环境保护工程、水土保持工程 4 部分。具体划分如图 2-4-2 所示。水利工程工程概算的内容也由这 4 部分构成。

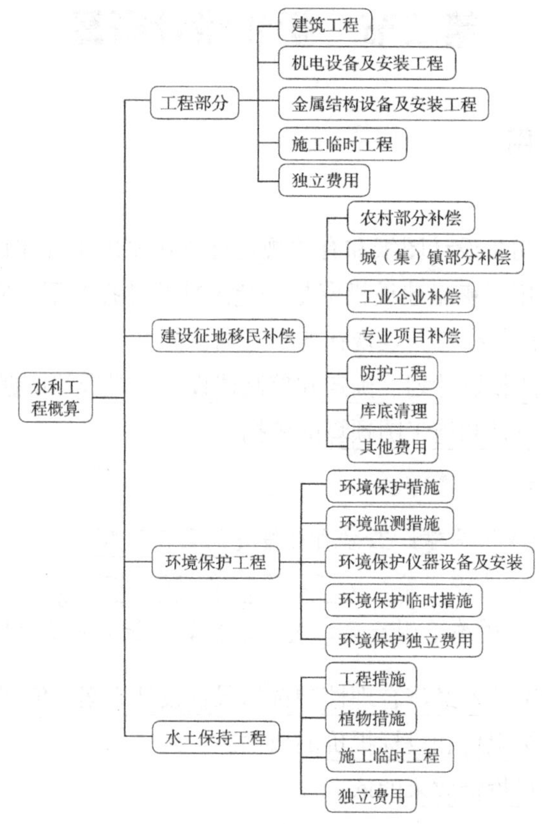

图 2-4-2　水利工程概算项目划分

【想对考生说】

工程部分概算的5个部分中第1～3部分属永久工程，竣工投入运行后承担设计所确定的功能并发挥效益，构成生产运行单位的固定资产。凡永久与临时工程相结合的项目，均列入相应永久工程项目内。第4部分施工临时工程是指在工程筹备和建设阶段，为辅助永久建筑和安装工程正常施工而修建的临时性工程或采取的临时措施，临时工程的全部投资扣除回收价值后，以适当的比例摊入各永久工程中，构成固定资产的一部分。第5部分独立费用是应在工程总投资中支出但又不宜列入建筑工程费、安装工程费、设备费，而需要独立列项的费用。

【还会这样考】

1. 建设征地移民补偿概算包括（　）。

A．工业企业补偿费　　B．环境保护措施费

C．防护工程费　　D．水土保持设施补偿费

E．库底清理费

【答案】 ACE。

2. 属于水利工程概算工程部分的是（　）。

A．施工临时工程费　　B．防护工程费

C．环境保护措施费　　D．植物措施费

【答案】 A。

三、基础价格计算

【考生必掌握】

基础单价是计算工程单价的基础，包括人工预算单价，材料预算价格，电、风、水预算价格，施工机械使用费，混凝土材料单价。

1. 人工预算单价

人工预算单价是指生产工人在单位时间（工时）的费用。根据工程性质的不同，人工预算单价有枢纽工程、引水及河道工程两种计算方法和标准。每种计算方法将人工均划分为工长、高级工、中级工、初级工4个档次。

2. 材料预算价格

（1）材料原价。

根据水利部办公厅关于印发《水利工程营业税改征增值税计价依据调整办法》（办水总〔2016〕132号）的通知，材料价格应采用不含增值税进项税额的价格。投标报价文件采用含税价格编制时，材料价格可以采用将含税价格除以调整系数的方式调整为不含税价格。结合《水利部办公厅关于调整水利工程计价依据增值税计算标准的通知》

（办财务函〔2019〕448号），调整系数的规定如下：主要材料（水泥、钢筋、柴油、汽油、炸药、木材、引水管道、安装工程的电缆、轨道、钢板等未计价材料、其他占工程投资比例高的材料）除以1.13调整系数；次要材料除以1.03调整系数；购买的砂、石料、土料暂按除以1.02调整系数；商品混凝土除以1.03调整系数。

（2）运杂费。

指材料由交货地点运至工地分仓库（或相当于工地分仓库的堆放场地）所发生的各种运载车辆的运费、调车费、装卸费和其他杂费等费用。

（3）运输保险费。

指材料在运输过程中发生的保险费，按工程所在省、自治区、直辖市或中国人民保险公司的有关规定计算。运输保险费 = 材料原价 × 材料运输保险费率。

（4）采购及保管费。

各材料的采购及保管费费率见表2-4-4。

采购及保管费费率 表2-4-4

序号	材料名称	费率（%）
1	水泥、碎石、砂、块石	3
2	钢材	2
3	油料	2
4	其他材料	2.5

注：本表已根据水利部办公厅关于印发《水利工程营业税改征增值税计价依据调整办法》（办水总〔2016〕132号）的通知调整。

3．施工机械使用费

根据水利部办公厅关于印发《水利工程营业税改征增值税计价依据调整办法》（办水总〔2016〕132号）的通知，施工机械台时费定额的折旧费除以1.13调整系数，修理及替换设备费除以1.09调整系数，安装拆卸费不变。施工机械使用费按调整后的施工机械台时费定额和不含增值税进项税额的基础价格计算。

4．混凝土材料单价

根据《水利工程设计概（估）算编制规定》（水总〔2014〕429号），当采用商品混凝土时，其材料单价应按基价200元/m^3计入工程单价取费，预算价格与基价的差额以材料补差形式进行计算，材料补差列入单价表中并计取税金。

5．施工用电、水、风单价

电网供电价格中的基本电价应不含增值税进项税额；柴油发电机供电价格中的柴油发电机组（台）时总费用应按调整后的施工机械台时费定额和不含增值税进项税额的基础价格计算。施工用水、用风价格中的机械组（台）时总费用应按调整后的施工机械台时费定额和不含增值税进项税额的基础价格计算。

【还会这样考】

1．根据《水利工程营业税改征增值税计价依据调整办法》(办水总〔2016〕132号)和《水利部办公厅关于调整水利工程计价依据增值税计算标准的通知》(办财务函〔2019〕448号)，商品混凝土的调整系数为(　　)。

A．1.02　　B．1.03

C．1.04　　D．1.17

【答案】B。

2．根据《水利工程设计概(估)算编制规定(工程部分)》(水总〔2014〕429号)，砂石材料采购及保管费费率为(　　)。

A．2.3%　　B．2.75%

C．3.3%　　D．3.5%

【答案】C。

3．根据《水利部办公厅关于印发〈水利工程营业税改征增值税计价依据调整办法〉的通知》(办水总〔2016〕132号)，采用《水利工程施工机械台时费定额》计算施工机械使用费时，修理及替换设备费应除以(　　)的调整系数。

A．1　　B．1.09

C．1.15　　D．1.2

【答案】B。

四、工程单价

【考生必掌握】

工程单价是指以价格形式表示的完成单位工程量(如1m^3、1t、1套等)所耗用的全部费用。包括直接费、间接费、利润和税金等四部分内容，分为建筑和安装工程单价两类，由“量、价、费”三要素组成。

量：指完成单位工程量所需的人工、材料和施工机械台时数量。

价：指人工预算单价、材料预算价格和机械台时费等基础单价。

费：指按规定计入工程单价的直接费、间接费、利润和税金。

1．建筑工程单价计算。

建筑工程单价计算一般采用表2-4-5“单价分析表”的形式计算：

建筑工程单价分析表　　表2-4-5

1	直接费	1)+2)
1)	基本直接费	(1)+(2)+(3)
(1)	人工费	∑定额人工工时数×人工预算单价
(2)	材料费	∑定额材料用量×材料预算单价
(3)	机械使用费	∑定额机械台时用量×机械台时费

续表

2）	其他直接费	1）× 其他直接费率
2	间接费	1× 间接费率
3	利润	（1+2）× 利润率
4	材料补差	（材料预算价格—材料基价）× 材料消耗量
5	税金	（1+2+3+4）× 税率
6	工程单价	1+2+3+4+5

注：1. 材料补差是《水利工程设计概（估）算编制规定（工程部分）》（水总〔2014〕429号）规范概（估）算管理时用到的方法。施工单位投标或成本核算时可根据自身情况参照本表格式。需要注意的是若不采用材料补差方式，在选取间接费率、其他直接费费率、利润率、税率时应考虑价格竞争性，合理调整《水利工程设计概（估）算编制规定（工程部分）》（水总〔2014〕429号）规定的费率。

2. 根据水利部办公厅关于印发《水利工程营业税改征增值税计价依据调整办法》（办水总〔2016〕132号）的通知，其他直接费、利润计算标准不变，税金指应计入建筑安装工程费用内的增值税销项税额，税率为9%。

2．安装工程单价计算。

安装工程单价计算见表2-4-6。

安装工程单价计算　　表2-4-6

项目		内容
实物量形式的安装单价	直接费	（1）基本直接费。 人工费 = 定额劳动量（工时）× 人工预算单价（元/工时） 材料费 = 定额材料用量 × 材料预算单价 机械使用费 = 定额机械使用量（台时）× 施工机械台时费（元/台时） （2）其他直接费。 其他直接费 = 基本直接费 × 其他直接费率之和
	间接费	间接费 = 人工费 × 间接费率
	利润	利润 =（直接费 + 间接费）× 利润率
	材料补差	材料补差 =（材料预算价格—材料基价）× 材料消耗量
	未计价装置性材料费	未计价装置性材料费 = 未计价装置性材料用量 × 材料预算单价
	税金	税金 =（直接费 + 间接费 + 利润 + 材料补差 + 未计价装置性材料费）× 税率
费率形式的安装工程单价	直接工程费	（1）基本直接费。 人工费 = 定额人工费（%）× 地区人工费率调整系数 × 设备原价 材料费 = 定额材料费（%）× 设备原价 计价装置性材料费 = 定额装置性材料费（%）× 设备原价 机械使用费 = 定额机械使用费（%）× 设备原价 （2）其他直接费。 其他直接费 = 基本直接费 × 其他直接费率之和（%）
	间接费	间接费 = 人工费 × 间接费率（%）
	利润	利润 =（直接工程费 + 间接费）× 利润率（%）
	税金	税金 =（直接费 + 间接费 + 利润）× 税率（%）

【想对考生说】

（1）首先弄清楚什么是“量、价、费”。

（2）建筑工程单价计算应着重掌握。

【还会这样考】

根据水利部办公厅关于印发《水利工程营业税改征增值税计价依据调整办法》（办水总〔2016〕132 号）的通知，其他直接费、利润计算标准不变，税金指应计入建筑安装工程费用内的增值税销项税额，税率为（　　）。

A. 3%　　　　B. 9%

C. 11%　　　　D. 13%

【答案】B。

五、设计概算审查

【考生必掌握】

1. 设计概算审查方法

设计概算审查方法包括对比分析法、查询核实法、联合会审法，具体内容见表 2-4-7。

设计概算审查方法　　　　表 2-4-7

审查方法	内容
对比分析法	主要是建筑规模、标准与立项批文对比，工程数量与设计图纸对比，综合范围、内容与编制方法、规定对比，各项取费与规定标准对比，材料、人工单价与统一信息对比，引进设备、技术经济指标与同类工程对比等
查询核实法	对一些关键设备和设施、重要装置、引进工程图纸不全、难以核算的较大投资进行多方查询核对、逐项落实的方法
联合会审法	组成由业主、审批单位、专家等参加的联合审查组，组织召开联合审查会。审前可先采取多种形式分头审查，包括业主预审、工程造价咨询公司评审、邀请同行专家预审等。在会审大会上，各有关单位、专家汇报初审、预审意见，然后进行认真分析、讨论，结合对各专业技术方案的审查意见所产生的投资增减，逐一核实原概算投资增减额

2. 设计概算审查重点

（1）审查概算的编制依据。

（2）审查概算编制深度。审查设计概算编制深度是否符合初步设计阶段要求。

（3）审查设计概算的内容：

①审查是否符合国家方针、政策，是否根据工程所在地的自然条件编制。

②审查建设规模、标准等是否符合原批准的可行性研究报告或立项的标准。

③审查编制方法、计价依据和程序是否符合现行规定。

④审查工程量是否正确，审查材料用量和价格。

⑤审查设备规格、数量和配置是否符合设计要求，设备预算价格是否真实，计算是否正确。

⑥审查建筑安装工程各项费用的计取是否符合国家或地方有关部门的现行规定，计算程序和取费标准是否正确。

⑦审查分部分项工程概算、总概算的编制内容、方法是否符合现行规定和设计文件的要求。

⑧审查总概算文件的组成内容是否完整地包括了建设项目从筹建到竣工投产为止的全部费用组成。

⑨审查工程建设其他费用项目。

⑩审查技术经济指标和投资经济效果。

【想对考生说】

设计概算 3 种审查方法一般会考查单项选择题。

【还会这样考】

1．在对某建设项目设计概算审查时，找到了与其关键技术基本相同、规模相近的同类项目的设计概算和施工图预算资料，则该建设项目的设计概算最适宜的审查方法是（　）。

A．标准审查法　　B．分组计算审查法

C．对比分析法　　D．查询核实法

【答案】C。

2．审查设计概算时，对一些关键设备和设施、重要装置、引进工程图纸不全、难以核算的较大投资宜采用的审查方法是（　）。

A．对比分析法　　B．筛选审查法

C．标准预算审查法　　D．查询核实法

【答案】D。

第五章　施工招标阶段投资控制

第一节　施工合同价的类型

一、总价合同

【考生必掌握】

总价合同的形式见表 2-5-1。

总价合同的形式　　表 2-5-1

项目		内容
固定总价合同	一般规定	承包方按投标时发包方接受的合同价格实施工程，并一笔包死，无特定情况不作变化。 注意：只有在设计和工程范围发生变更的情况下才能随之作相应的变更
	风险承担	承包方要承担合同履行过程中的主要风险。要承担实物工程量、工程单价等变化而可能造成损失的风险
	价格	会加大不可预见费用，致使这种合同的投标价格偏高
	适用范围	（1）工程范围清楚明确，工程图纸完整、详细、清楚，报价的工程量准确。 （2）工程量小、工期短，环境因素（特别是物价）变化小，工程条件稳定。 （3）工程结构、技术简单，风险小，报价估算方便。 （4）投标期相对宽裕。 （5）合同条件完备，双方的权利和义务关系十分清楚
可调总价合同	风险承担	发包方承担了通货膨胀的风险。 承包方承担合同实施中实物工程量、成本和工期因素等的其他风险
	适用范围	可调总价合同适用于工程内容和技术经济指标规定很明确的项目，由于合同中列有调值条款，所以工期在 1 年以上的工程项目较适于采用这种合同计价方式
固定工程量总价合同	特点	这种方式对发包人有利。可以了解承包人投标时的总价是如何计算得来的，便于发包人审查标价，特别是对投标者过度的不平衡报价，可以在评标时发现，避免实施过程中不必要的变更给发包人造成费用增加
	风险承担	由承包人承担物价上涨的风险
	适用范围	固定工程量总价适用于工程量变化不大的项目

【想对考生说】

应重点区分三种总价合同形式的适用范围与风险承担，可能会考查一道题目，可能是单项选择题，也可能是多项选择题，考生应结合以下题目把握命题趋势。

【还会这样考】

1．合同总价只有在设计和工程范围发生变更时才能随之作相应调整，除此之外一般不得变更的合同称为（　）。

A．固定总价合同　　B．可调总价合同

C．固定单价合同　　D．可调单价合同

【答案】A。

2．某工程的工作内容和技术经济指标非常明确，工期 10 个月，预计施工期间通货膨胀率低，则该工程较适合采用的合同计价方式是（　）。

A．固定总价合同　　B．可调总价合同

C．固定单价合同　　D．可调单价合同

【答案】A。

3．在固定总价合同的执行过程中，发包方应对合同总价做相应调整的情况是（　）。

A．工程量减少 5%　　B．水泥价格上涨 3%

C．出现恶劣气候　　D．工程范围变更

【答案】D。

4．采用可调总价合同时，发包方承担了（　）风险。

A．实物工程量　　B．成本

C．工期　　D．通货膨胀

【答案】D。

5．关于固定总价合同特征的说法，正确的有（　）。

A．合同总价一笔包死，无特殊情况不作调整

B．合同执行过程中，工程量与招标时不一致的，总价可作调整

C．合同执行过程中，材料价格上涨，总价可作调整

D．合同执行过程中，人工工资变动，总价不作调整

E．固定总价合同的投标价格一般偏高

【答案】ADE。

6．适宜采用固定总价合同的工程有（　）。

A．招标时的设计深度已达到施工图设计要求、图纸完整齐全的工程

B．规模较小、技术不太复杂的中小型工程

C．没有施工图、工程量不明、急于开工的紧迫工程

D．工期长、技术复杂、不可预见因素较多的工程

E．合同工期短的工程

【答案】ABE。

二、单价合同

【考生必掌握】

单价合同的形式包括固定单价合同与可调单价合同，下面主要讲解固定单价合同，见表 2-5-2。

固定单价合同　　表 2–5–2

项目		内容
估算工程量单价合同	工程结算价	按照实际完成且符合合同规定的工程量计算支付工程量，由合同中分部分项工程单价乘以支付工程量得出该项工程结算的总价
	适用范围	一般适用于工程性质比较清楚，但任务、范围及其要求标准不能完全确定的情况
纯单价合同	特点	采用这种形式的合同时，发包人只向承包人给出发包工程的有关分部分项工程以及工程范围，不需对工程量作出具体的规定和准确的计算
	适用范围	主要适用于没有施工图或图纸不详细、工程量不明但却急需开工的紧迫工程
单价与总价包干混合式合同		对于采用总价包干报价的项目，一般在合同条件中规定，在开工后数周内，由承包人向监理人递交一份包干项目分析表，在分析表中将总价包干项目分解为若干子项，列出每个子项的合理价格。该分析表经监理人批准后即可作为总价包干项目实施时支付的依据

【想对考生说】

应注意区分估算工程量单价与纯单价合同的适用范围。

【还会这样考】

1．某工程合同价的确定方式为：发包方不需对工程量作出任何规定，承包方在投标时只需按发包方给出的分部分项工程项目及工程范围作出报价，而工程量则按实际完成的数量结算。这种合同属于（　）。

A．纯单价合同　　B．可调工程量单价合同

C．不可调单价合同　　D．可调总价合同

【答案】A。

2．估算工程量单价合同结算工程最终价款的依据分部分项工程单价和（　）。

A．工程量清单中提供的工程量　　B．施工图中的图示工程量

C．合同双方商定的工程量　　D．支付工程量

【答案】D。

3．对没有施工图或图纸不详细、工程量不明确但却急需开工的紧迫工程，应采用（　）合同形式。

A．估计工程量单价　　B．纯单价

C．可调总价　　D．可调单价

【答案】B。

三、成本加酬金合同

【考生必掌握】

成本加酬金合同形式见表 2-5-3。

成本加酬金合同形式　　表 2-5-3

合同形式	特点	应用	金额
成本加固定百分比酬金	不利于鼓励承包方降低成本	很少被采用	承包方的实际成本实报实销，同时按照实际成本的固定百分比付给承包方一笔酬金
成本加固定金额酬金	利于缩短工期，鼓励承包人节约资金，降低成本	在工程总成本一开始估计不准、可能变化较大的情况下采用	与成本加固定百分比酬金合同相似，不同之处仅在于在成本上所增加的费用是一笔固定金额的酬金
成本加奖罚	促使承包方关心和降低成本，缩短工期，而且预期成本可以随着设计的进展加以调整。 发承包双方都不会承担太大的风险，应用较多	应用较多	（1）实际成本 = 预期成本：承包商得到实际发生的工程成本和酬金。 （2）实际成本＜预期成本：承包商得到实际发生的工程成本、酬金和预先约定的奖金。 （3）实际成本＞预期成本：承包方可得到实际成本和酬金，但视实际成本高出预期成本的情况，被处以一笔罚金
最高限额成本加固定最大酬金	有利于控制工程投资，并能鼓励承包方最大限度地降低工程成本	实际应用不易控制	（1）实际成本＜预期成本：承包商得到实际发生的工程成本、酬金和预先约定的奖金。 （2）预期成本＜实际成本＜报价成本：承包商得到实际发生的工程成本和酬金。 （3）报价成本＜实际成本＜限额成本：承包商得到实际发生的工程成本。 （4）实际成本＞限额成本：超过部分由承包商承担，发包方不予支付

【还会这样考】

1．下列成本加酬金合同中，对于发承包双方来说，都不会承担太大的风险，应用较多的是（　）。

A．成本加固定百分比酬金　　B．成本加固定金额酬金

C．成本加奖罚　　D．最高限额成本加固定最大酬金

【答案】C。

【想对考生说】

（1）首先成本加酬金合同的四种形式会作为一个多项选择题采分点，干扰选项可能会设置为“最小成本加固定费用合同”“最大成本加税金合同”。

（2）成本加酬金合同的四种形式的特点及承包商得到的金额会是一个单项选择题采分点。

（3）成本加奖罚合同与最高限额成本加固定最大酬金合同中，承包商得到金额的形式应能区分。

扫码学习

2．采用成本加奖罚合同，当实际成本大于预期成本时，承包人可以得到（　　）。

A．工程成本、酬金和预先约定的奖金

B．工程成本和预先约定的奖金，不能得到酬金

C．工程成本，但不能得到酬金和预先约定的奖金

D．工程成本和酬金，但也可能会处以一笔罚金

【答案】D。

3．采用最高限额成本加固定最大酬金合同，当实际成本大于预期成本而小于报价成本时，承包人可以得到（　　）。

A．实际发生的工程成本，获得酬金和预先约定的奖金

B．实际发生的工程成本，获得酬金

C．实际发生的工程成本，但不能获得酬金和预先约定的奖金

D．工程成本和酬金，但不能获得预先约定的奖金

【答案】B。

第二节　工程量清单

一、工程量清单的作用和适用范围

【考生必掌握】

工程量清单的作用和适用范围，见表 2-5-4。

工程量清单的类型、作用及适用范围　　表 2-5-4

项目	内容
作用	（1）为投标人的投标竞争提供了一个平等和共同的基础。 （2）是建设工程计价的依据。 （3）是编制最高投标限价的依据。 （4）是工程付款和结算的依据。 （5）是调整工程量、进行工程索赔的依据
适用范围	（1）工程量清单适用于建设工程发承包及实施阶段的计价活动，包括工程量清单的编制、最高投标限价的编制、投标报价的编制、工程合同价款的约定、工程施工过程中计量与合同价款的支付、索赔与现场签证、竣工结算的办理和合同价款争议的解决以及工程造价鉴定等活动。 （2）《水利工程工程量清单计价规范》GB 50501—2007 适用于水利枢纽、水力发电、引（调）水、供水、灌溉、河湖整治、堤防等新建、扩建、改建、加固工程的招标投标工程量清单编制和计价活动。全部使用国有资金投资或以国有资金投资为主的水利工程应执行本规范

【想对考生说】

本考点是一个多项选择题采分点，重点掌握工程量清单的作用。

【还会这样考】

1．工程量清单是（　　）的依据。

A．进行工程索赔　　B．编制项目投资估算

C．编制最高投标限价　　D．支付工程进度款

E．办理竣工结算

【答案】ACDE。

2．根据现行计价规范，工程量清单适用的计价活动有（　　）。

A．设计概算的编制　　B．最高投标限价的编制

C．投资限额的确定　　D．合同价款的约定

E．竣工结算的办理

【答案】BDE。

二、水利工程工程量清单的内容

【考生必掌握】

水利工程工程量清单的内容见表 2-5-5。

水利工程工程量清单的内容　　表 2-5-5

项目	内容
分类分项工程量清单	分类分项工程量清单应包括序号、项目编码、项目名称、计量单位、工程数量、主要技术条款编码和备注。 分类分项工程量清单项目编码采用 12 位阿拉伯数字表示（由左至右计位）。一至九位为统一编码，其中，一、二位为水利工程顺序码，三、四位为专业工程顺序码，五、六位为分类工程顺序码，七、八、九位为分项工程顺序码，十至十二位为清单项目名称顺序码

续表

项目	内容
分类分项工程量清单	工程量应根据项目特征、计量单位、工程量计算规则、主要工作内容和工作范围进行计算。 计量单位以 m^3、m^2、m、kg、个、项、根、块、台、组、面、只、相、站、孔、束为单位的，应取整数；以 t、km 为单位的，应保留小数点后两位数字，第三位数字四舍五入
措施项目清单	措施项目为完成工程项目施工，发生于该工程施工前和施工过程中不能或不宜用实物量表示，一般用总价表示的施工措施工程项目
其他项目清单	其他项目清单是在以上两类表中没有列入，在项目实施过程中可能发生也可能不发生，在合同中暂时列入一笔金额，以备在一些不可预见的事件发生时，作为对应事件影响的处理费用。在招标时一般发包人以暂定金额的方式或以一定的具体项目内容列入
零星工作项目清单	零星工作项目清单，应根据招标工程具体情况，对工程实施过程中可能发生的变更或新增加的零星项目，列出人工（按工种）、材料（按名称和规格型号）、机械（按名称和规格型号）的计量单位，并随工程量清单发至投标人

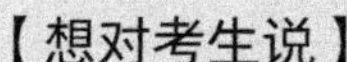
【想对考生说】

项目编码各部分的含义如图 2-5-1 所示。

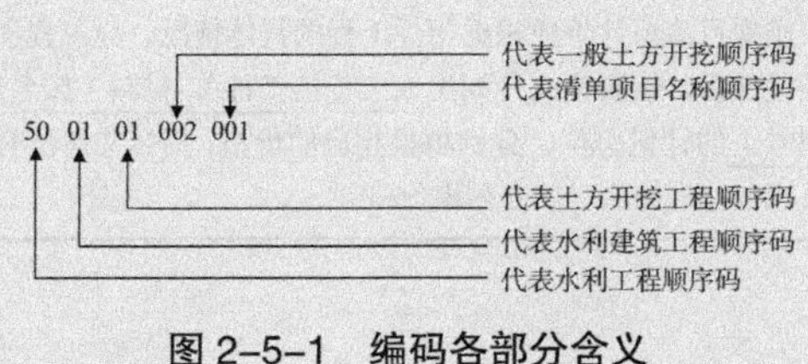

图 2-5-1 编码各部分含义

【还会这样考】

1. 现行计量规范的项目编码由 12 位数字构成，其中第五至第六位数字为（　）。

A. 专业工程码　　B. 分项工程顺序码

C. 分类工程顺序码　　D. 清单项目名称顺序码

【答案】C。

2. 根据《水利工程工程量清单计价规范》GB 50501—2007，某分部分项工程的项目编码为 500101002001，其中“001”这一级编码的含义是（　）。

A. 水利工程顺序码　　B. 清单项目名称顺序码

C. 水利建筑工程顺序码　　D. 土方开挖工程顺序码

【答案】B。

3. 根据现行计量规范，编制零星工作项目清单时，人工应按（　）列项。

A. 工种　　B. 职称

C. 职务　　D. 技术等级

【答案】A。

三、水利工程工程量清单计价

【考生必掌握】

水利工程工程量清单计价内容见表 2-5-6。

水利工程工程量清单计价内容　　表 2-5-6

项目	内容
分类分项工程量清单计价	分类分项工程量清单计价一般采用工程单价计价。工程单价应根据相应工作项目的组成内容，按招标设计文件、图纸、范围确定，除另有规定外，对有效工程量以外的超挖、超填工程量，施工附加量，加工、运输损耗量等所消耗的人工、材料和机械费用，均应摊入相应有效工程量的工程单价之内
措施项目清单计价	措施项目一般用总价表示，施工措施工程项目的总价须结合分类分项工程量清单各项目计价范围和内容，以及工程量清单中所列的措施项目清单内容，按招标设计文件、图纸、工作范围，结合具体的施工组织设计确定。一般把分类分项工程量清单没有包括的、在措施项目也没有包括的工作内容，都要在相应的措施项目中计列
其他项目清单计价	其他项目按招标文件所列的价格（发包人计列）计价
零星工作项目清单计价	零星工作项目清单计价应根据招标工程的具体情况，对工程实施过程中可能发生的变更或新增加的零星项目，按招标文件列出人工（按工种）、材料（按名称和规格型号）、机械（按名称和规格型号）的计量单位，分别填报相应的价格；招标文件没有的项目，如材料和设备，投标人也可以相应地增加项目，并列出价格

【想对考生说】

工程量清单计价表格填写时应注意以下几个问题：

（1）工程量清单报价表的内容应由投标人填写。

（2）投标人不得随意增加、删除或涂改招标人提供的工程量清单中的任何内容。

（3）工程量清单报价表中所有要求盖章、签字的地方，必须由规定的单位和人员盖章、签字（其中法定代表人也可由其授权委托的代理人签字、盖章）。

（4）投标总价应按工程项目总价表合计金额填写。

（5）工程项目总价表填写。表中一级项目名称按招标人提供的招标项目工程量清单中的相应名称填写，并按分类分项工程量清单计价表中相应项目合计金额填写。

（6）分类分项工程量清单计价表填写：

①表中的序号、项目编码、项目名称、计量单位、工程数量、主要技术条款编码，按招标人提供的分类分项工程量清单中的相应内容填写。

②表中列明的所有需要填写的单价和合价，投标人均应填写；未填写的单价和合价，视为此项费用已包含在工程量清单的其他单价和合价中。

（7）措施项目清单计价表填写。表中的序号、项目名称，按招标人提供的措施项目清单中的相应内容填写，并填写相应措施项目的金额和合计金额。

（8）其他项目清单计价表填写。表中的序号、项目名称、金额，按招标人提供的其他项目清单中的相应内容填写。

（9）零星工作项目计价表填写。表中的序号、人工、材料、机械的名称、型号规格以及计量单位，按招标人提供的零星工作项目清单中的相应内容填写，并填写相应项目单价。

（10）辅助表格填写：

①工程单价汇总表，按工程单价计算表中的相应内容、价格（费率）填写。

②工程单价费（税）率汇总表,按工程单价计算表中的相应费（税）率填写。

③投标人生产电、风、水、砂石基础单价汇总表，按基础单价分析计算成果的相应内容、价格填写，并附相应基础单价的分析计算书。

④投标人生产混凝土配合比材料费表，按表中工程部位、混凝土和水泥强度等级、级配、水灰比、坍落度、相应材料用量和单价填写，填写的单价必须与工程单价计算表中采用的相应混凝土材料单价一致。

⑤招标人供应材料价格汇总表，按招标人供应的材料名称、型号规格、计量单位和供应价填写，并填写经分析计算后的相应材料预算价格，填写的预算价格必须与工程单价计算表中采用的相应材料预算价格一致。

⑥投标人自行采购主要材料预算价格汇总表，按表中的序号、材料名称、型号规格、计量单位和预算价填写，填写的预算价必须与工程单价计算表中采用的相应材料预算价格一致。

⑦招标人提供施工机械台时（班）费汇总表，按招标人提供的机械名称、型号规格和招标人收取的台时（班）折旧费填写；投标人填写的台时（班）费用合计金额必须与工程单价计算表中相应的施工机械台时（班）费单价一致。

⑧投标人自备施工机械台时（班）费汇总表，按表中的序号、机械名称、型号规格、一类费用和二类费用填写，填写的台时（班）费合计金额必须与工程单价计算表中相应的施工机械台时（班）费单价一致。

⑨工程单价计算表，按表中的施工方法、序号、名称、型号规格、计量单位、数量、单价、合价填写，填写的人工、材料和机械等基础价格，必须与基础材料单价汇总表、主要材料预算价格汇总表及施工机械台时（班）费汇总表中的单价相一致，填写的施工管理费、企业利润和税金等费（税）率必须与工程单价费（税）率汇总表中的费（税）率相一致。凡投标金额小于投标总报价万分之五及以下的工程项目，投标人可不编报工程单价计算表。

【还会这样考】

关于水利工程工程量清单计价的说法，正确的有（　）。

A．分类分项工程量清单计价一般采用工程单价计价

B．分类分项工程量清单没有包括的、在措施项目也没有包括的工作内容，都要在相应的措施项目中计列

C．工程量清单报价表的内容应由投标人填写

D．分类分项工程量清单计价表填写时，只需填写总价，无须填写单价

E．零星工作项目计价表由投标人自主确定填写

【答案】ABC。

第三节　标底与最高投标限价

一、标底编制的原则和依据

【考生必掌握】

1．标底编制的原则

（1）标底编制应遵守国家有关法律、法规和水利行业规章，兼顾国家、招标人和投标人的利益。

（2）标底应符合市场经济环境，反映社会平均先进工效和管理水平。

（3）标底应体现工期与费用的关系，反映承包人为实现合理工期而必须采取的施工措施及必须投入的人员、材料和设备所需要的成本。

（4）标底编制必须按合同规定的内容和质量标准，应体现招标人的质量要求，要体现优质优价。

（5）标底应体现招标人对材料采购方式的要求，考虑材料市场价格变化因素。

（6）标底应体现工程自然地理条件和施工条件因素。

（7）标底应体现工程量大小因素。

（8）标底编制必须在初步设计批复后进行，原则上对国家投资的项目，各个合同的标底之和不应突破批准的初步设计概算或修正概算。

（9）一个招标的合同项目只能编制一个标底。

2．标底编制的依据

（1）招标人提供的招标文件，包括商务条款、技术条款、图纸以及招标人对已发出的招标文件进行澄清、修改或补充的书面资料等。

（2）现场查勘资料。

（3）批准的初步设计概算或修正概算。

（4）国家及地区颁发的现行建筑、安装工程定额及取费标准（规定）。

（5）设备及材料市场价格。

（6）施工组织设计或施工规划。

（7）其他有关资料。

【想对考生说】

注意标底与最高投标限价（招标控制价）的区别，二者在约束范围、保密要求、编制作用方面不同。《招标投标法》没有规定招标必须设有标底，但也没有禁止设置标底；工程量清单计价规范提出，国有资金投资的工程应当实行工程量清单招标，招标人应编制招标控制价。标底要在开标前保密，在开标时宣布；招标控制价应该在招标文件中公开。

【还会这样考】

1．关于标底编制的说法，正确的有（　）。

A．标底应符合市场经济环境，反映社会平均先进工效和管理水平

B．标底应体现工期与费用的关系

C．标底编制不要考虑工程自然地理条件和施工条件因素

D．标底编制必须在初步设计批复后进行

E．一个招标的合同项目只能编制一个标底

【答案】ABDE。

2．标底编制的依据包括（　）。

A．施工方案

B．批准的初步设计概算

C．施工组织设计

D．招标人提供的招标文件

E．市场价格信息和企业定额

【答案】BCD。

二、水利工程建设项目招标标底的编制方法

【考生必掌握】

水利工程建设项目招标标底的编制方法以定额法为主，实物量法和其他方法为辅，具体内容见表 2-5-7。

水利工程建设项目招标标底的编制方法　　表 2–5–7

项目	内容
定额法	采用定额法编制设计概算时选用的定额是按全国水利行业平均工效水平制定的；标底需要考虑具体工程的技术复杂程度、施工工艺方法、工程量大小、施工条件优劣、市场竞争情况等因素。在采用定额法编制标底时，可以根据工程具体情况适当调整现行的定额和取费标准

续表

项目	内容
实物量法	实物量工程直接费计算方法主要有两种，包括单价法和作业法。 （1）实物量工程直接费计算的单价法是通过对各类资源（劳动力、施工设备和材料）的选择和对这些资源的生产率和使用率的选择来实现的。生产率是每小时完成的工程量，使用率是完成一定工程量所需要的时间或资源数量。用这种方法计算出来的直接费摊入间接费后就是可以直接填入工程量清单中的工程单价，这是普遍采用的方法。 （2）实物量工程直接费计算的作业法是以计算一项作业的总工程量和完成该项作业所需的时间为依据的。造价人员把在上述时间内完成工程所需的各类资源确定下来，并计算出费用。对于土方开挖和浇筑混凝土等以施工设备为主的工程，使用这种方法较多

【还会这样考】

1．采用定额法编制设计概算时选用的定额是按（　）制定的。

A．建设工程设计文件　　　　B．常规施工方案

C．全国水利行业平均工效水平　　　　D．企业定额

【答案】C。

2．实物量工程直接费计算方法主要有（　）。

A．经验法　　　　B．估算法

C．单价法　　　　D．统计法

E．作业法

【答案】CE。

三、最高投标限价

【考生必掌握】

是招标人根据国家或省级、行业建设主管部门颁发的有关计价依据和办法，以及拟定的招标文件和招标工程量清单，结合工程具体情况编制的招标工程的最高投标限价。

招标人应在招标文件中如实公布最高投标限价，不得对所编制的最高投标限价进行上浮或下调。为体现招标的公开、公平、公正性，防止招标人有意抬高或压低工程造价，给投标人以错误信息，招标人在招标文件中应公布最高投标限价组成部分的详细内容，不得只公布最高投标限价总价，并应将最高投标限价报工程所在地工程造价管理机构备查。

关于最高投标限价的内容主要掌握各项费用及税金的确定方法。对各项费用的确定方法见表 2-5-8。

各项费用的确定方法　　　　表 2-5-8

各项费用	确定方法
分部分项工程费	综合单价应根据拟定的招标文件和招标工程量清单项目中的特征描述及有关要求确定，还应包括招标文件中划分的应由投标人承担的风险范围及其费用

续表

<table>
<tr><th colspan="2">各项费用</th><th>确定方法</th></tr>
<tr><td colspan="2">措施项目费</td><td>采用分类分项工程综合单价形式进行计价的工程量，应按措施项目清单中的工程量确定综合单价；以“项”为单位的方式计价的，价格包括除规费、税金以外的全部费用。
其中的安全文明施工费应当按照国家或省级、行业建设主管部门的规定标准计价</td></tr>
<tr><td rowspan="4">其他项目费</td><td>暂列金额</td><td>应按招标工程量清单中列出的金额填写</td></tr>
<tr><td>暂估价</td><td>材料、工程设备单价、控制价应按招标工程量清单列出的单价计入综合单价。
暂估价中专业工程金额应按招标工程量清单中列出的金额填写</td></tr>
<tr><td>计日工</td><td>人工单价和施工机械台班单价应按省级、行业建设主管部门或其授权的工程造价管理机构公布的单价计算。
材料应按工程造价管理机构发布的工程造价信息中的材料单价计算，工程造价信息未发布材料单价的，其价格应按市场调查确定的单价计算</td></tr>
<tr><td>总承包服务费</td><td>（1）当招标人仅要求总包人对其发包的专业工程进行现场协调和统一管理、对竣工资料进行统一汇总整理等服务时，总包服务费按发包的专业工程估算造价的1.5%左右计算。
（2）当招标人要求总包人对其发包的专业工程既进行总承包管理和协调，又要求提供相应配合服务时，总承包服务费根据招标文件列出的配合服务内容，按发包的专业工程估算造价的3%～5%计算。
（3）招标人自行供应材料、设备的，按招标人供应材料、设备价值的1%计算</td></tr>
<tr><td colspan="2">规费和税金</td><td>规费和税金应按国家或省级、行业建设主管部门规定的标准计算</td></tr>
</table>

【还会这样考】

1．关于最高投标限价的编制，下列说法正确的是（　）。

A．国有企业的建设工程招标可以不编制最高投标限价

B．对招标文件中可以不公开最高投标限价

C．最高投标限价与标底的本质是相同的

D．政府投资的建设工程招标时，应设最高投标限价

【答案】D。

2．总承包服务费一般按发包的专业工程估算造价的（　）左右计算。

A．0.5%　　B．1.0%

C．1.5%　　D．2.0%

【答案】C。

第四节　施工投标报价评审

一、初步评审

【考生必掌握】

初步评审标准分为形式评审标准、资格评审标准、响应性评审标准，具体内容见表 2-5-9。

初步评审标准　　表 2–5–9

评审标准	内容
形式评审标准	（1）投标人名称与营业执照、资质证书、安全生产许可证一致。 （2）投标文件的签字盖章符合招标文件规定。 （3）投标文件格式符合招标文件规定的“投标文件格式”的要求。 （4）联合体投标人须提交联合体协议书，并明确联合体牵头人（若有）。 （5）只能有一个报价。 （6）投标文件的正本、副本数量符合招标文件规定。 （7）投标文件的印刷与装订符合招标文件规定。 （8）投标文件的密封和标识符合招标文件规定
资格评审标准	（1）具备有效的营业执照。 （2）具备有效的安全生产许可证。 （3）具备有效的资质证书且资质等级符合投标人须知的规定。 （4）财务状况符合投标人须知的规定。 （5）业绩符合投标人须知的规定。 （6）信誉符合投标人须知的规定。 （7）项目经理资格符合投标人须知的规定。 （8）联合体申请人符合投标人须知的规定。 （9）企业主要负责人具有有效的安全生产考核合格证书。 （10）技术负责人资格符合投标人须知的规定。 （11）委托代理人、安全管理人员（专职安全生产管理人员）、质量管理人员、财务负责人应是投标人本单位人员，其中安全管理人员（专职安全生产管理人员）具备有效的安全生产考核合格证书
响应性评审标准	（1）投标范围符合招标文件规定。 （2）计划工期符合招标文件规定。 （3）工程质量符合招标文件规定。 （4）投标有效期符合招标文件规定。 （5）投标保证金符合招标文件规定。 （6）权利义务符合招标文件合同条款及格式规定的权利义务。 （7）已标价工程量清单符合招标文件工程量清单的有关要求。 （8）技术标准和要求符合招标文件技术标准和要求（合同技术条款）的规定

【想对考生说】

初步评审的三种评审标准会考查多项选择题，应注意区分三种评审标准的内容，考试时会相互作为干扰选项。

【还会这样考】

1. 综合评估方法中，初步评审标准分为（　）。

A. 施工组织设计评审　　B. 形式评审标准

C. 项目管理机构评审　　D. 资格评审标准

E. 响应性评审标准

【答案】BDE。

2. 综合评估方法中，形式评审内容包括（　）。

A. 投标人名称与营业执照、资质证书、安全生产许可证一致

B. 只能有一个报价

C. 具备有效的营业执照

D. 投标范围是否符合招标文件规定

E. 项目经理资格是否符合投标人须知的规定

【答案】AB。

二、详细评审

【考生必掌握】

详细评审阶段需要评审的因素有施工组织设计、项目管理机构、投标报价和投标人综合实力。具体内容见表 2-5-10。

详细评审　　表 2-5-10

<table>
<tr><th colspan="2">项目</th><th>内容</th></tr>
<tr><td colspan="2">赋分标准</td><td>（1）施工组织设计一般占 40% ~ 60%。
（2）项目管理机构一般占 15% ~ 20%。
（3）投标报价一般占 20% ~ 30%。
（4）投标人综合实力一般占 10%</td></tr>
<tr><td>投标报价评审</td><td>总价评审</td><td>根据投标人报价与评标基准价的偏差率来计算。投标报价的偏差率计算方法如下：
$$偏差率=\frac{投标人报价-评标基准价}{评标基准价}\times 100\%$$
评标基准价的计算有两种方法：
（1）采用有效报价的平均数确定评标基准价（适用于招标人不提供标底的）：
$$S=\begin{cases}\dfrac{a_1+a_2+\cdots+a_n-M-N}{n-2}, & n\geqslant 5\\ \dfrac{a_1+a_2+\cdots+a_n}{n}, & n\leqslant 4\end{cases}$$
式中　S——评标基准价；
a_n——投标人的有效报价；
n——有效报价的投标人个数；
M——最高的投标人有效报价；
N——最低的投标人有效报价</td></tr>
</table>

续表

项目		内容
投标报价评审	总价评审	（2）采用复合标底确定评标基准价（适用于招标人提供标底的）： $$S=T\times A+\frac{a_1+a_2+\cdots+a_n}{n}\times(1-A)$$ 式中 S——评标基准价； a_n——投标人的有效报价； T——招标人标底； A——招标人标底在评标基准价中所占的权重； n——有效报价的投标人个数
投标报价评审	分项报价合理性	分项报价合理性可从投标报价依据的基础价格、费用构成、主要工程项目的单价和总价项目（指临时工程或措施项目）等方面评审，重点是评审有无不平衡报价、工程单价分析合理性、基础单价来源或计算可靠性、合理性和总价项目是否满足招标项目需要。分项报价合理性应结合投标人施工组织设计和项目管理机构的设置来评审

【想对考生说】

招标文件应明确约定最优偏差率得分值，偏离最优偏差率后的扣分规则、投标人有效报价是否含暂列金额和暂估价和招标人标底在评标基准价中所占的权重。

【例】某水利工程施工招标投标报价评分表见表 2-5-11。

某水利工程施工招标投标报价评分表 **表 2-5-11**

报价差百分率（%）	…	-10	-9	-8	-7	-6	-5	-4	-3	-2	-1	0	1	…
得分（分）	…	23	25	27	28	29	30	28	26	24	23	21	19	…

（1）在计算偏差率时，计算结果保留小数点后一位，小数点后第二位四舍五入。

（2）评标基准价的计算方法为：

评标基准价 =$A\times0.7+B\times0.3$，其中：A 为招标人标底；B 为投标人有效报价，即所有通过初步评审的投标人投标报价的算术平均值。

（3）偏差率 = −5% 时得满分。在此基础上，偏差率大于 −5%，每上升 1 个百分点扣 2 分，扣完为止；偏差率小于 −5%，每下降 1 个百分点扣 1 分，扣完为止。报价得分可以插值，取小数点后一位数字，小数后第二位四舍五入。

（4）上述评标基准价及投标报价均不含暂列金额，投标报价指经计算性算术错误修正后值。

根据（1）~（4）条规定，考生分析表 2-5-11 中得分是否正确？

【还会这样考】

1．根据《水利水电工程标准施工招标文件（2009年版）》，在综合评估法的详细评审阶段，需详细评审的因素包括（　）。

A．投标文件格式　　B．施工组织设计

C．项目管理机构　　D．投标报价

E．投标人综合实力

【答案】BCDE。

2．分项报价合理性可从投标报价依据的基础价格、费用构成、主要工程项目的单价和总价项目（指临时工程或措施项目）等方面评审，重点是评审（　）。

A．有无不平衡报价　　B．工程单价分析合理性

C．总价项目分解表　　D．计算可靠性或合理性

E．基础单价来源

【答案】ABDE。

第六章 施工阶段投资控制

第一节 资金使用计划编制

【考生必掌握】

资金使用计划的编制方法如图 2-6-1 所示。

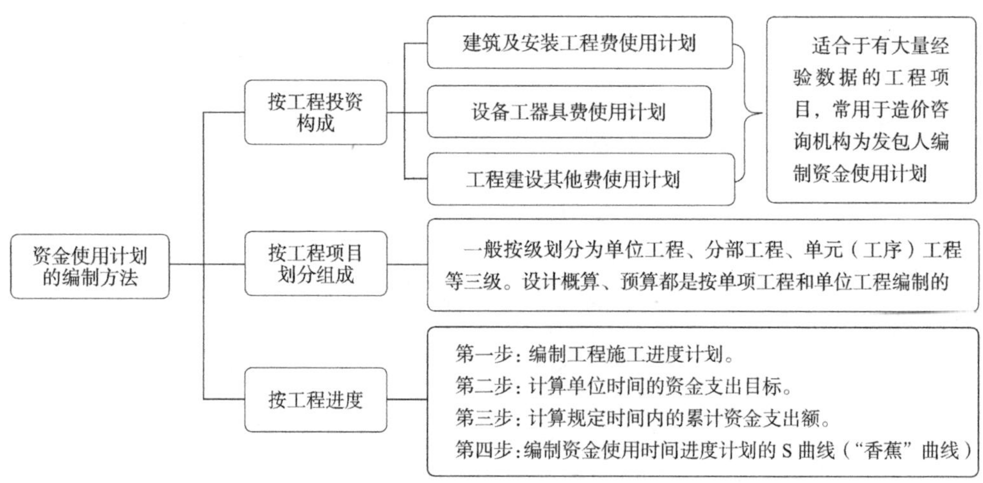

图 2-6-1 资金使用计划的编制方法

【想对考生说】

一般而言，编制资金使用时间进度计划的 S 曲线，所有工作都按最迟开始时间开始，对节约发包人的建设资金贷款利息是有利的，但同时，也降低了项目按期竣工的保证率。

S 曲线包络在由全部工作都按最早开始时间和全部工作都按最迟必须开始时间开始的曲线所组成的“香蕉图”内。

【还会这样考】

1．水利工程设计概算、预算都是按（　　）编制的。

A．单项工程和单位工程

B．单项工程和分部工程

C．单位工程和单元（工序）工程

D．分部工程和单元（工序）工程

【答案】A。

2．香蕉曲线比较法通常由两条S曲线闭合而成，这两条曲线按工作（　　）绘制。

A．最早开始时间和最早完成时间　　B．最早开始时间和最迟完成时间

C．最迟开始时间和最迟完成时间　　D．最迟开始时间和最早开始时间

【答案】D。

3．按投资构成，水利工程项目的投资主要分为（　　）。

A．建筑安装工程投资　　B．设备及工器具购置投资

C．基本预备费　　D．工程建设其他投资

E．涨价预备费

【答案】ABD。

第二节　合同计量与支付

一、工程计量的原则

【考生必掌握】

在工程计量中，监理人应遵循以下6条原则：

（1）计量的项目必须是合同中规定的项目。

> **【想对考生说】**
> 应计量的项目只包括以下内容：
> （1）工程量清单中的全部项目。
> （2）已由监理人发出变更指令的工程变更项目。
> （3）合同文件中规定应由监理人现场确认的，并已获得监理人批准同意的项目。

（2）计量项目应确属完工或正在施工项目的已完成部分。

（3）计量项目的质量应达到合同规定的技术标准。

> **【想对考生说】**
> 对于质量不合格的项目，不管承包人以什么理由要求计量，监理人均不予进行计量。

（4）计量项目的申报资料和验收手续应该齐全。

（5）计量结果必须得到监理人和承包人双方确认。

（6）计量方法的一致性。

【还会这样考】

工程计量时，监理人应予计量的工程量有（　　）。

A．承包人超出设计图纸和设计文件要求所增加的工程量

B．工程量清单中的工程量

C．有缺陷工程的工程量

D．工程变更导致增加的工程量

E．承包人原因导致返工的工程量

【答案】BD。

二、工程计量的方法

【考生必掌握】

工程计量的方法如图 2-6-2 所示。

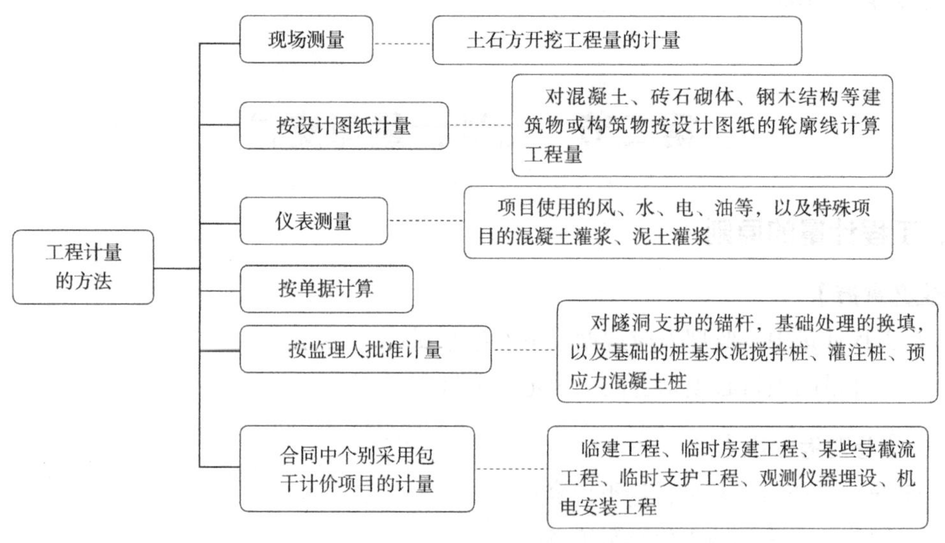

图 2-6-2　工程计量的方法

【想对考生说】

工程计量方法的适用情况考查有两种题型：

一是给出某项目费用，判断采用哪种计量方法。

二是选项中给出项目费用，判断计量方法。

【还会这样考】

1．对于工程量清单中的某些项目，如项目使用的风、水、电、油等，一般采用（　　）

进行计量支付。

A．仪表测量法　　B．单据法

C．设计图纸法　　D．包干计价法

【答案】A。

2．下列可采用包干计价进行计量的项目有（　）。

A．隧洞支护的锚杆　　B．临时房建工程

C．基础处理的换填　　D．观测仪器埋设

E．混凝土灌浆

【答案】BD。

三、工程预付款的支付与扣回

【考生必掌握】

关于工程预付款，需要掌握其支付与扣回，见表 2-6-1。

工程预付款的支付与扣回　　表 2-6-1

项目		内容
支付	额度	包工包料工程：签约合同价（扣除暂列金额）的 10% ≤预付款≤签约合同价（扣除暂列金额）的 30%。 重大工程项目：按年度工程计划逐年预付
	时间	在具备施工条件的前提下，发包人在双方签订合同后一个月内或约定的开工日期前的 7d 内预付工程款
扣回		工程预付款在合同累计完成金额达到签约合同价的百分比时开始扣款，直至合同累计完成金额达到签约合同价的百分比时全部扣清。工程预付款扣回的金额为： $$R=\frac{A}{(F_2-F_1)S}(C-F_1S)$$ 式中 R——每次进度付款中累计扣回的金额； A——工程预付款总金额； S——签约合同价； C——合同累计完成金额； F_1——开始扣款时合同累计完成金额达到签约合同价的比例； F_2——全部扣清时合同累计完成金额达到签约合同价的比例。 上述合同累计完成金额均指价格调整前未扣质量保证金的金额

【想对考生说】

这部分内容主要考查两个采分点：

一是预付款的额度，注意是要扣除暂列金额的。

二是预付款扣回的计算。

【还会这样考】

1．对于包工包料的工程，原则上预付款比例上限为（　）。

A．合同金额（扣除暂列金额）的 20%

B．合同金额（扣除暂列金额）的 30%

C．合同金额（不扣除暂列金额）的 20%

D．合同金额（不扣除暂列金额）的 30%

【答案】B。

2．某工程项目合同价 2000 万元，工程预付款为合同价的 10%，工程开工前由发包人一次付清。当累计完成工程款金额达到合同价格的 20% 时开始扣工程预付款，当累计完成工程款金额达到合同价格的 90% 时扣完。工程进度款按月支付。工程开工第一个月完成工程款金额 350 万元，第二个月完成工程款金额 500 万元，第三个月完成工程款金额 400 万元。下列说法正确的有（　）。

A．第一个月不扣工程预付款

B．第二个月应扣工程预付款为 50 万元

C．第二个月应扣工程预付款为 64.29 万元

D．第三个月应扣工程预付款为 57.14 万元

E．第三个月应扣工程预付款为 121.43 万元

【答案】ACD。

【解析】本题的计算如下：

合同规定的开始扣工程预付款时合同累计完成金额（工程预付款起扣点）：$F_1S=20\%\times2000=400$ 万元，即当累计完成工程款金额 400 万元时开始扣工程预付款。

合同规定的工程预付款全部扣完时，合同累计完成的金额：$F_2S=90\%\times2000=1800$ 万元。

第一个月完成工程款金额 350 万元＜ 400 万元，本月不扣工程预付款。

第二个月累计完成工程款金额 350+500＝850 万元＞ 400 万元，本月应累计扣工程预付款 $=\dfrac{2000\times10\%}{(90\%-20\%)\times2000}(850-20\%\times2000)=64.29$ 万元。

第二个月应扣工程预付款为 64.29 万元。

第三个月累计完成工程款金额 350+500+400＝1250 万元。本月应累计扣工程预付款 $=\dfrac{2000\times10\%}{(90\%-20\%)\times2000}(1250-20\%\times2000)=121.43$ 万元。

第三个月应扣工程预付款为 121.43 — 64.29＝57.14 万元。

四、工程进度付款

【考生必掌握】

工程进度付款的程序如图 2-6-3 所示。

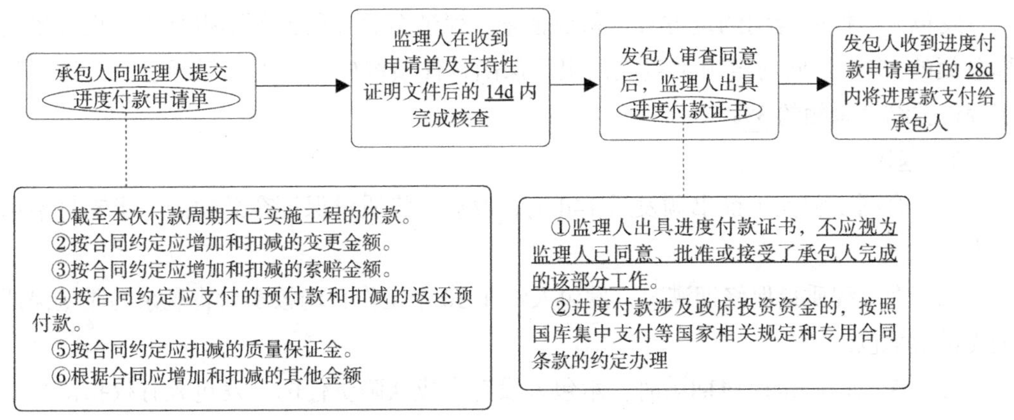

图 2-6-3　工程进度付款的程序

> 【想对考生说】
>
> 注意“14”“28”这两个数据，可能会考核单项选择题。
>
> 进度款支付申请的内容是一个多项选择题采分点。

【还会这样考】

1．发包人应在签发进度付款证书后的（　　）d 内，按照付款证书列明的金额向承包人支付进度款。

A．7　　　　B．14

C．28　　　　D．42

【答案】C。

2．承包人提交的进度付款申请单的内容包括（　　）。

A．截至本次付款周期末已实施工程的价款

B．按合同约定应增加和扣减的变更金额

C．按合同约定应增加和扣减的索赔金额

D．按合同约定应支付的预付款和扣减的返还预付款

E．本周期应扣回的预付款

【答案】ABCD。

五、质量保证金

【考生必掌握】

关于质量保证金主要掌握额度及退还的规定。

1．额度

发包人应按照合同约定方式预留保证金，保证金总预留比例不得高于工程价款结算总额的 3%。合同约定由承包人以银行保函替代预留保证金的，保函金额不得高于工程价款结算总额的 3%。

2．退还

（1）合同工程完工证书颁发后 14d 内，发包人将质量保证金总额的一半支付给承包人。

（2）在工程质量保修期满时，发包人将在 30 个工作日内核实后将剩余的质量保证金支付给承包人。

（3）在工程质量保修期满时，承包人没有完成缺陷责任的，发包人有权扣留与未履行责任剩余工作所需金额相应的质量保证金余额，并有权延长缺陷责任期，直至完成剩余工作为止。

【还会这样考】

根据《住房城乡建设部 财政部关于印发建设工程质量保证金管理办法的通知》（建质〔2017〕138 号），保证金总额预留比例不得高于工程价款结算总额的（　　）。

A．2.5%　　　　B．3%

C．5%　　　　D．8%

【答案】B。

第三节　变更费用管理

一、工程变更的范围

【考生必掌握】

《水利水电工程标准施工招标文件》中工程变更的范围和内容：除专用合同条款另有约定外，在履行合同中发生以下情形之一，应按规定进行变更：

（1）取消合同中任何一项工作，但被取消的工作不能转由发包人或其他人实施。

（2）改变合同中任何一项工作的质量或其他特性。

（3）改变合同工程的基线、标高、位置或尺寸。

（4）改变合同中任何一项工作的施工时间或改变已批准的施工工艺或顺序。

（5）为完成工程需要追加的额外工作。

【还会这样考】

关于工程变更的说法，正确的是（　）。

A．监理人要求承包人改变已批准的施工工艺或顺序不属于变更

B．发包人可通过变更取消某项工作从而转由他人实施

C．监理人要求承包人为完成工程需要追加的额外工作不属于变更

D．承包人不能全面落实变更指令而扩大的损失由承包人承担

【答案】D。

二、变更程序

【考生必掌握】

1．变更的提出

（1）在合同履行过程中，可能发生变更约定情形的，监理人可向承包人发出变更意向书。

（2）变更意向书应说明变更的具体内容和发包人对变更的时间要求，并附必要的图纸和相关资料。

（3）变更意向书应要求承包人提交包括拟实施变更工作的计划、措施和完工时间等内容的实施方案。

（4）发包人同意承包人根据变更意向书要求提交的变更实施方案的，由监理人发出变更指示。

（5）在合同履行过程中，发生变更情形的，监理人应向承包人发出变更指示。

（6）承包人收到监理人发出的图纸和文件，经检查认为其中存在变更情形的，可向监理人提出书面变更建议。变更建议应阐明要求变更的依据，并附必要的图纸和说明。

（7）监理人收到承包人书面建议后，应与发包人共同研究，确认存在变更的，应在收到承包人书面建议后的14d内作出变更指示。经研究后不同意作为变更的，应由监理人书面答复承包人。

（8）若承包人收到监理人的变更意向书后认为难以实施此项变更，应立即通知监理人，说明原因并附详细依据。监理人与承包人和发包人协商后确定撤销、改变或不改变原变更意向书。

2．变更估价

（1）除专用合同条款对期限另有约定外，承包人应在收到变更指示或变更意向书后的14d内，向监理人提交变更报价书，报价内容应根据约定的估价原则，详细开列变更工作的价格组成及其依据，并附必要的施工方法说明和有关图纸。

（2）变更工作影响工期的，承包人应提出调整工期的具体细节。监理人认为有必要时，可要求承包人提交要求提前或延长工期的施工进度计划及相应施工措施等详细资料。

（3）除专用合同条款对期限另有约定外，监理人收到承包人变更报价书后的14d内，根据约定的估价原则，商定或确定变更价格。

3．变更指示

（1）变更指示只能由监理人发出。

（2）变更指示应说明变更的目的、范围、变更内容以及变更的工程量及其进度和技术要求，并附有关图纸和文件。承包人收到变更指示后，应按变更指示进行变更工作。

4．变更的估价原则

除专用合同条款另有约定外，因变更引起的价格调整按照本款约定处理。

（1）已标价工程量清单中有适用于变更工作的子目的，采用该子目的单价。

（2）已标价工程量清单中无适用于变更工作的子目，但有类似子目的，可在合理范围内参照类似子目的单价，由监理人按合同相关条款商定或确定变更工作的单价。

（3）已标价工程量清单中无适用或类似子目的单价，可按照成本加利润的原则，由监理人商定或确定变更工作的单价。

【还会这样考】

1．变更指示只能由（　）发出。

A．发包人　　B．设计人

C．监理人　　D．政府建设主管部门

【答案】C。

2．监理人收到承包人书面建议后，应与发包人共同研究，确认存在变更的，应在收到承包人书面建议后的14d内作出变更指示。变更指示应说明变更的（　）。

A．目的　　B．范围

C．内容　　D．工程量

E．程序

【答案】ABCD。

三、工程变更价款的确定方法

【考生必掌握】

工程变更价款的确定方法如图2-6-4所示。

【考生这样记】

工程价款变更原则：已有适用按已有，只有类似可参照，如果两类都没有，甲方批准乙方报。

【想对考生说】

重点掌握措施项目费的调整，可能会考核判断正确与错误说法的综合题目。

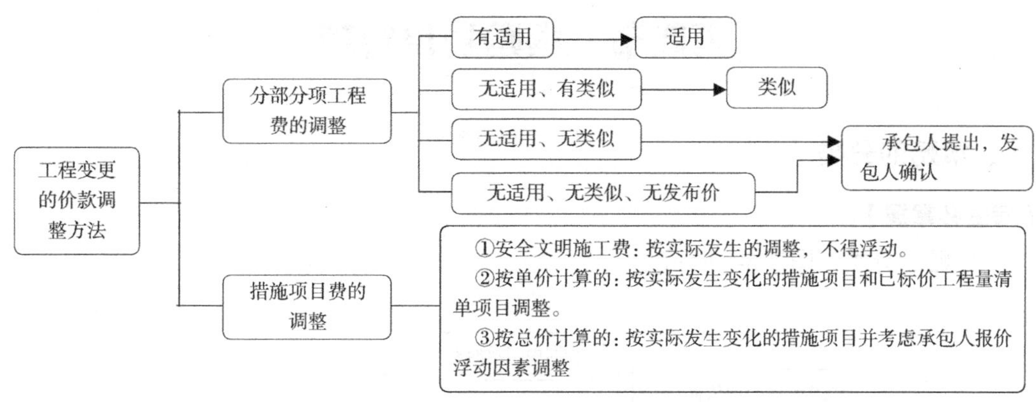

图 2-6-4　工程变更价款的确定方法

【还会这样考】

1．已标价工程量清单中没有适用也没有类似于变更工程项目的，变更工程项目单价应由（　）提出。

A．承包人　　　　B．监理人

C．发包人　　　　D．设计人

【答案】A。

2．工程变更引起施工方案改变并使措施项目发生变化时，承包人提出调整措施项目费的，首先应采取的做法是（　）。

A．提出措施项目变化后增加费用的估算

B．在该措施项目施工结束后提交增加费用的证据

C．将拟实施的方案提交发包人确认并说明变化情况

D．加快施工尽快完成措施项目

【答案】C。

3．根据《建设工程工程量清单计价规范》GB 50500—2013，工程变更引起施工方案改变并使措施项目发生变化时，关于措施项目费调整的说法，正确的有（　）。

A．安全文明施工费按实际发生的措施项目，考虑承包人报价浮动因素进行调整

B．安全文明施工费按实际发生变化的措施项目调整，不得浮动

C．对单价计算的措施项目费，按实际发生变化的措施项目和已标价工程量清单项目确定单价

D．对总价计算的措施项目费一般不能进行调整

E．对总价计算的措施项目费，按实际发生变化的措施项目并考虑承包人报价浮动因素进行调整

【答案】BCE。

第四节　索赔费用管理

一、索赔的分类

【考生必掌握】

索赔的分类如图 2-6-5 所示。

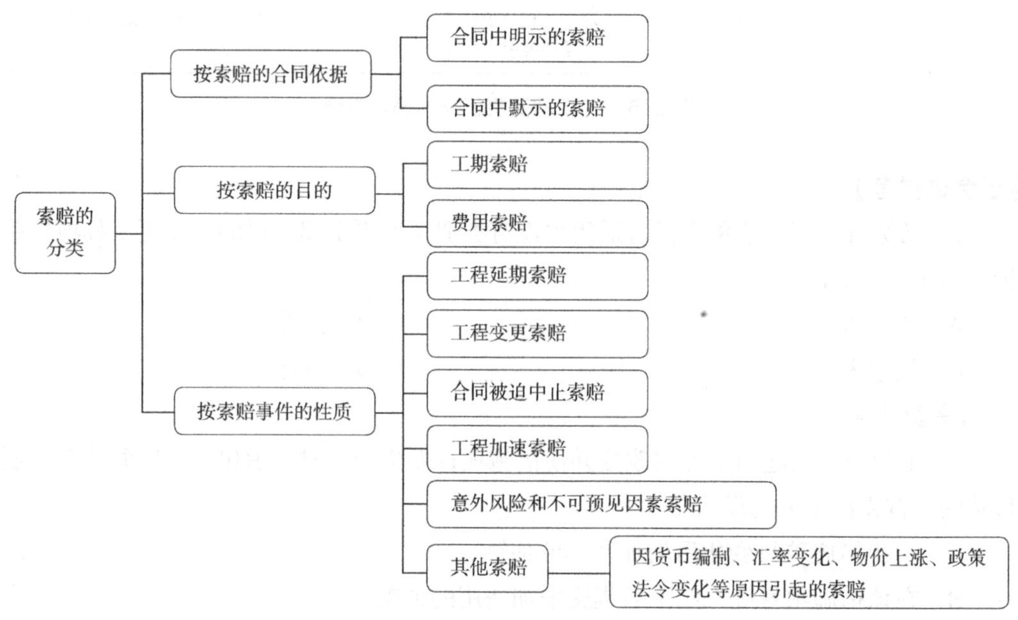

图 2-6-5　索赔的分类

【还会这样考】

下列工程索赔事项中，属于按索赔事件性质分类的有（　　）。

A．合同中明示的索赔　　B．工期索赔

C．工程延期索赔　　D．费用索赔

E．合同被迫终止索赔

【答案】CE。

二、承包人向发包人的索赔

采分点 1　可以索赔的费用与计算方法

【考生必掌握】

费用索赔的组成如图 2-6-6 所示。

索赔费用的计算方法包括实际费用法（最常用）、总费用法、修正的总费用。

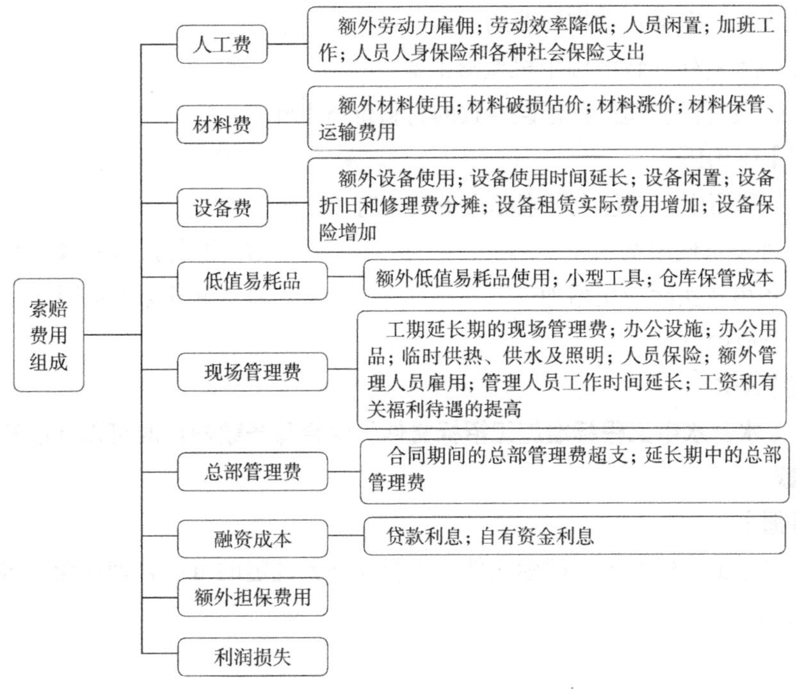

图 2-6-6　费用索赔的组成

【想对考生说】

掌握计算损失索赔和额外工作索赔的区别。

损失索赔的计算基础是成本。要求对假定无违约成本和实际有违约成本（不一定是承包人投标成本或实际发生成本，应是合理成本）进行比较，对两者之差给予补偿，与各工程项目的价格毫不相干，原则上不得包括额外成本的相应利润（除非承包人原合理预期利润的实现已经因此受到影响——这种情况只有当违约引起整个工程的延迟或完工前的合同解除时才会发生）。

额外索赔的计算基础是价格（包括直接成本、管理费用和利润），允许包括额外工作的相应利润。

一般情况下，不允许索赔的费用包括：承包人进行索赔工作的准备费用；工程保险费用；因合同变更或索赔事项引起的工程计划调整、分包合同修改等费用；因承包人的不适当行为而扩大的损失；索赔金额在索赔处理期间的利息。

【还会这样考】

1. 下列费用中，承包人可以获得补偿的有（　　）。

A. 异常恶劣气候导致的人员窝工费

B. 发包人责任导致工效降低所增加的人工费用

C. 法定人工费增长增加的费用

D. 发包人责任导致的施工机械窝工费

E. 发包人责任引起工程延误导致的材料价格上涨费

【答案】BCDE。

2. 下列费用中，承包人可索赔设备费的有（　）。

A. 额外设备使用费

B. 设备折旧和修理费分摊

C. 设备租赁实际费用增加

D. 设备保养费用

E. 设备故障修理

【答案】ABC。

采分点 2 《水利水电工程标准施工招标文件》中合同条款规定的可以合理补偿承包人索赔的条款

【考生必掌握】

《水利水电工程标准施工招标文件》中合同条款规定的可以合理补偿承包人索赔的条款见表 2-6-2。

《水利水电工程标准施工招标文件》中合同条款规定的可以合理补偿承包人索赔的条款　　表 2-6-2

主要内容	可补偿内容		
	工期	费用	利润
施工过程发现文物、古迹以及其他遗迹、化石、钱币或物品	√	√	
施工中遇到不利物质条件	√	√	
发包人要求向承包人提前交付材料合格工程设备		√	
发包人提供的材料和工程设备不符合合同要求	√	√	√
发包人提供资料错误导致承包人的返工或造成工程损失	√	√	√
发包人的原因造成工期延误	√	√	√
异常恶劣的气候条件	√		
发包人要求承包人提前竣工		√	
发包人原因引起的暂停施工	√	√	√
发包人原因引起造成暂停施工后无法按时复工	√	√	√
发包人原因造成工程质量达不到合同约定验收标准的	√	√	√
监理人对隐蔽工程重新检查，且检验证明工程质量符合合同要求	√	√	√
法律变化引起的价格调整		√	
发包人在全部工程竣工前，使用已接收的单位工程导致承包人费用增加的	√	√	√
发包人原因导致试运行失败的		√	√
发包人原因导致的工程缺陷和损失		√	√
不可抗力	√	√	

【想对考生说】

该采分点在考查时，只可索赔工期，只可索赔费用，只可索赔工期和费用，只可索赔费用和利润，可索赔工期，可索赔费用，可索赔利润的索赔事件互相作为干扰选项。主要有以下几种命题形式：

（1）根据《水利水电工程标准施工招标文件》通用合同条款，承包人最有可能同时获得工期、费用和利润补偿的索赔事件有（　）。

（2）根据《水利水电工程标准施工招标文件》通用合同条款，承包人通常只能获得费用补偿，但不能得到利润补偿和工期顺延的事件有（　）。

（3）根据《水利水电工程标准施工招标文件》通用合同条款，承包人可能同时获得工期和费用补偿，但不能获得利润补偿的索赔事件有（　）。

（4）根据《水利水电工程标准施工招标文件》，下列情形中，承包人可以得到费用和利润补偿而不能得到工期补偿的事件有（　）。

（5）下列事件的发生，已经或将造成工期延误，则按照《水利水电工程标准施工招标文件》中相关合同条件，可以获得工期补偿的有（　）。

（6）根据《水利水电工程标准施工招标文件》通用合同条款，下列引起承包人索赔的事件中，只能获得工期补偿的是（　）。

（7）根据《水利水电工程标准施工招标文件》通用合同条款，下列引起承包人索赔的事件中，可以获得费用补偿的有（　）。

（8）根据《水利水电工程标准施工招标文件》，下列索赔事件引起的费用索赔中，可以获得利润补偿的有（　）。

【还会这样考】

1．根据《水利水电工程标准施工招标文件》通用合同条款，下列引起承包人索赔的事件中，可以同时获得工期、费用和利润补偿的是（　）。

A．施工中发现文物古迹

B．发包人提供资料错误导致承包人返工

C．承包人提前竣工

D．因不可抗力造成工期延误

【答案】B。

2．根据《水利水电工程标准施工招标文件》，下列引起承包人索赔的事件中，只能获得工期补偿的是（　）。

A．发包人提前向承包人提供材料和工程设备

B．工程暂停后因发包人原因导致无法按时复工

C．因发包人原因导致工程试运行失败

D．异常恶劣的气候条件导致工期延误

【答案】D。

3．根据《水利水电工程标准施工招标文件》，下列引起承包人索赔的事件中，只能获得费用补偿的是（　）。

A．发包人提前向承包人提供材料、工程设备

B．因发包人提供的材料、工程设备造成工程不合格

C．发包人在工程竣工前提前占用工程

D．异常恶劣的气候条件，导致工期延误

【答案】A。

4．根据《水利水电工程标准施工招标文件》，承包人可能同时获得工期和费用补偿，但不能获得利润补偿的索赔事件有（　）。

A．发包人原因导致的工程缺陷和损失

B．法律变化引起的价格调整

C．发包人要求承包人提前竣工

D．承包人遇到不利物质条件

E．施工中发现文物

【答案】DE。

扫码学习

三、索赔的提出

【考生必掌握】

1．承包人索赔的提出

承包人索赔的提出见表 2-6-3。

承包人索赔的提出　　表 2-6-3

项目	内容
承包人提出索赔的程序	（1）承包人应在知道或应当知道索赔事件发生后 28d 内，向监理人递交索赔意向通知书，并说明发生索赔事件的事由。承包人未在前述 28d 内发出索赔意向通知书的，丧失要求追加付款和（或）延长工期的权利。 （2）承包人应在发出索赔意向通知书后 28d 内，向监理人正式递交索赔通知书。 （3）索赔事件具有连续影响的，承包人应按合理时间间隔继续递交延续索赔通知。 （4）在索赔事件影响结束后的 28d 内，承包人应向监理人递交最终索赔通知书
承包人提出索赔的处理程序	（1）监理人收到承包人提交的索赔通知书后，应及时审查索赔通知书的内容、查验承包人的记录和证明材料，必要时监理人可要求承包人提交全部原始记录副本。 （2）监理人应按商定或确定追加的付款和（或）延长的工期，并在收到索赔通知书或有关索赔的进一步证明材料后的 42d 内，将索赔处理结果答复承包人。 （3）承包人接受索赔处理结果的，发包人应在作出索赔处理结果答复后 28d 内完成赔付。 （4）承包人不接受索赔处理结果的，按合同约定的争议解决办法办理
承包人提出索赔期限	（1）承包人按合同约定接受了竣工付款证书后，应被认为已无权再提出在合同工程接收证书颁发前所发生的任何索赔。 （2）承包人按合同约定提交的最终结清申请单中，只限于提出工程接收证书颁发后发生的索赔。提出索赔的期限自接受最终结清证书时终止

【想对考生说】

掌握提出索赔程序与处理程序中的时间规定，只需要记住只有索赔处理结果答复是42d，其他均为28d。

每个时间段应递交的文件应该掌握。

2．发包人索赔的提出

（1）发生索赔事件后，监理人应及时书面通知承包人，详细说明发包人有权得到的索赔金额和（或）延长缺陷责任期的细节和依据。发包人提出索赔的期限和要求与承包人提出索赔的期限相同，延长缺陷责任期的通知应在缺陷责任期届满前发出。

（2）监理人按合同条款商定或确定发包人从承包人处得到赔付的金额和（或）缺陷责任期的延长期。承包人应付给发包人的金额可从拟支付给承包人的合同价款中扣除，或由承包人以其他方式支付给发包人。

（3）承包人对监理人按第（1）项发出的索赔书面通知内容持异议时，应在收到书面通知后的14d内，将持有异议的书面报告及其证明材料提交监理人。监理人应在收到承包人书面报告后的14d内，将异议的处理意见通知承包人，并按第（2）项的约定执行赔付。若承包人不接受监理人的索赔处理意见，可按本合同争议解决的规定办理。

【想对考生说】

（1）当事人一方提出索赔，因对方当事人不答复发生争议的，鉴定人应按以下规定进行鉴定：

①当事人一方在合同约定的期限后提出索赔的，鉴定人应以超过索赔时效作出否定性鉴定。

②当事人一方在合同约定的期限内提出索赔，对方当事人未在合同约定的期限内答复的，鉴定人应对此索赔作出肯定性鉴定。

（2）当事人一方在合同约定的期限内提出索赔，对方当事人也在合同约定的期限内答复，但双方未能达成一致，鉴定人应按以下规定进行鉴定：

①对方当事人以不符合事实为由不同意索赔的，鉴定人应在厘清证据的基础上作出鉴定。

②对方当事人以该索赔事项存在，但认为不存在赔偿的，或认为索赔过高的，鉴定人应根据专业判断作出鉴定。

（3）当事人对暂停施工索赔费用有争议的，鉴定人应按以下规定进行鉴定：

①因非承包人原因引起的暂停施工，费用由发包人承担，包括：保管暂停工程的费用、施工机具租赁费、现场生产工人与管理人员工资、承包人为复工所需的准备费用等。

②因承包人原因引起的暂停施工，费用由承包人承担。

【还会这样考】

1．工程施工过程中索赔事件发生以后，承包人首先要做的工作是（　）。

A．向监理人提出索赔意向通知　　B．向监理人提交索赔证据

C．向监理人提交索赔报告　　D．与业主就索赔事项进行谈判

【答案】A。

2．根据《水利水电工程标准施工招标文件》，关于索赔程序的规定，正确的是（　）。

A．设计变更发生后，承包人应在14d内向发包人提交索赔通知

B．索赔事件持续进行，承包人应在事件终了后立即提交索赔报告

C．承包人在发出索赔意向通知书后28d内，向监理人正式递交索赔通知书

D．索赔意向通知发出后42d内，承包人应向监理人提交索赔报告及有关资料

【答案】C。

3．根据《水利水电工程标准施工招标文件》，对承包人提出索赔的处理程序，正确的是（　）。

A．发包人应在作出索赔处理结果答复后28d内完成赔付

B．监理人收到承包人递交的索赔通知书后，发现资料缺失，应及时现场取证

C．监理人答复承包人处理结果的期限是收到索赔通知书后28d内

D．发包人在承包人接受竣工付款证书后不再接受任何索赔通知书

【答案】A。

4．根据《水利水电工程标准施工招标文件》中的通用条款，承包人按合同约定提交的最终结清申请单中，只限于提出（　）发生的索赔。

A．在合同工程接收证书颁发前　　B．在合同工程接收证书颁发后

C．在竣工付款证书接收前　　D．在缺陷责任期终止证书颁发后

【答案】B。

第五节　合同价格调整

一、法律法规变化类合同价格的调整

【考生必掌握】

法律法规变化引起的合同价格调整如图2-6-7所示。

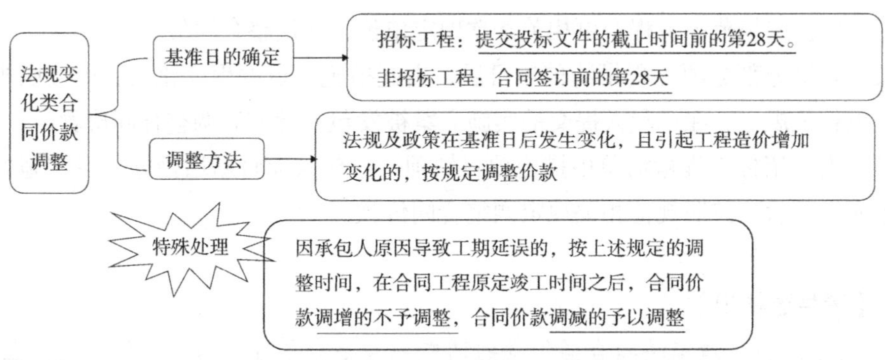

图 2-6-7　法律法规变化引起的合同价格调整

【想对考生说】

这部分内容会考查两个采分点：

一是基准日的确定，注意区分招标工程与非招标工程的时间。"28" 作为采分点单独考查单项选择题，在此设置干扰选项有 "14" "42" "56" 等。"投标截止日前" 会与 "合同签订前" 互为干扰选项，也可能还会设置 "招标截止日前" "中标通知书发出前" 等干扰选项。

二是因为承包人原因导致工期延误的调整原则。

【还会这样考】

1. 招标工程一般以投标截止日前第（　）天作为基准日期。

A. 7　　B. 14

C. 42　　D. 28

【答案】D。

2. 某工程项目施工合同约定竣工时间为 2019 年 12 月 30 日，合同实施过程中因承包人施工质量不合格返工导致总工期延误了 2 个月；2020 年 1 月项目所在地政府出台了新政策，直接导致承包人计入总造价的税金增加 50 万元。关于增加的 50 万元税金责任承担的说法，正确的是（　）。

A. 由承包人和发包人共同承担，理由是国家政策变化，非承包人的责任

B. 由发包人承担，理由是国家政策变化，承包人没有义务承担

C. 由承包人承担，理由是承包人责任导致延期，进而导致税金增加

D. 由发包人承担，理由是承包人承担质量问题责任，发包人承担政策变化责任

【答案】C。

二、工程变更类合同价格的调整

采分点 1　工程量清单缺项

【考生必掌握】

（1）施工合同履行期间，由于招标工程量清单中缺项，新增分部分项工程量清单

项目的，应按照规范中工程变更相关条款确定单价，并调整合同价款。

（2）新增分部分项工程量清单项目后，引起措施项目发生变化的，应按照规范中工程变更相关规定，在承包人提交的实施方案被发包人批准后调整合同价款。

（3）由于招标工程量清单中措施项目缺项，承包人应将新增措施项目实施方案提交发包人批准后，按照规范相关规定调整合同价款。

【考生这样记】

关于工程量清单缺项合同价款的调整一般不会单独成题，会作为判断正确与错误说法的题目出现。

【还会这样考】

根据《水利水电工程标准施工招标文件》，在合同履行期间，由于招标工程量清单缺项，新增了分部分项工程量清单项目，关于其合同价款确定的说法，正确的是（　）。

A．新增清单项目的综合单价应由监理工程师提出

B．新增清单项目导致新增措施项目的，承包人应将新增措施项目实施方案提交发包人批准

C．新增清单项目的综合单价应由承包人提出，但相关措施项目费不能再作调整

D．新增清单项目应按额外工作处理，承包人可选择做或者不做

【答案】B。

采分点 2　工程量偏差

【考生必掌握】

工程量偏差引起的合同价款调整规定见表 2-6-4。

工程量偏差引起的合同价款调整规定　　表 2-6-4

项目	内容
价款调整规定	（1）对于任一招标工程量清单项目，如果因工程量偏差和工程变更等原因导致工程量偏差超过 15% 时，可进行调整。当工程量增加 15% 以上时，增加部分的工程量的综合单价应予调低；当工程量减少 15% 以上时，减少后剩余部分的工程量的综合单价应予调高。 （2）如果工程量出现超过 15% 的变化，且该变化引起相关措施项目相应发生变化时，按系数或单一总价方式计价的，工程量增加的措施项目费调增，工程量减少的措施项目费调减
工程量偏差超过 15% 时的调整方法	（1）当 $Q_1 > 1.15Q_0$ 时： $S = 1.15Q_0 \times P_0 + (Q_1 - 1.15Q_0) \times P_1$ （2）当 $Q_1 < 0.85Q_0$ 时： $S = Q_1 \times P_1$ 式中　S——调整后的某一分部分项工程费结算价； Q_1——最终完成的工程量； Q_0——招标工程量清单列出的工程量； P_1——按照最终完成工程量重新调整后的综合单价； P_0——承包人在工程量清单中填报的综合单价

续表

项目	内容
工程量偏差项目综合单价的调整方法	（1）当 $P_0 < P_2 \times (1-L) \times (1-15\%)$ 时，该类项目的综合单价 P_1 按照 $P_2 \times (1-L) \times (1-15\%)$ 调整。 （2）当 $P_0 > P_2 \times (1+15\%)$ 时，该类项目的综合单价 P_1 按照 $P_2 \times (1+15\%)$ 调整。 （3）当 $P_0 > P_2 \times (1-L) \times (1-15\%)$ 或 $P_0 < P_2 \times (1+15\%)$ 时，可不予调整。 式中 P_0——承包人在工程量清单中填报的综合单价； P_2——发包人在招标控制价相应项目的综合单价； L——计价规范中定义的承包人报价浮动率

【想对考生说】

该采分点需要掌握以下三方面内容：

（1）注意该采分点中出现的“15%”这个数字，不仅会考查数字题目，还会作为判断依据考查调整方法。

（2）对调整后某一分部分项工程结算价的计算题目。

（3）综合单价的调整也会考查计算题目。

【还会这样考】

1．根据《水利水电工程标准施工招标文件》，对于任一招标工程量清单项目，如果因工程量偏差和工程变更等原因导致工程量偏差超过（　）时，可进行调整。

A．15%　　B．10%

C．8%　　D．5%

【答案】A。

2．某工程招标工程量清单中的工程数量为 1000m^3，承包人投标报价中的综合单价为 30 元 /m^3，合同约定，当实际工程量超过清单工程量 15% 时调整单价，调整系数为 0.9。工程结束时承包人实际完成并经监理工程师确认的工程量为 1400m^3，则该工程的工程量价款为（　）元。

A．42300　　B．41250

C．40800　　D．37800

【答案】B。

【解析】合同约定范围内（15% 以内）的工程款为：$1000 \times (1+15\%) \times 30 = 34500$ 元；超过 15% 之后部分工程量的工程款为：$[1400-1000 \times (1+15\%)] \times 30 \times 0.9 = 6750$ 元；

则该土方工程的工程量价款 $=34500+6750=41250$ 元。

3．根据《水利水电工程标准施工招标文件》，当实际工程量比招标工程量清单中的工程量增加 15% 以上时，对综合单价进行调整的方法是（　）。

A．增加后整体部分的工程量的综合单价调低

B．增加后整体部分的工程量的综合单价调高

C．超出约定部分的工程量的综合单价调低

D．超出约定部分的工程量的综合单价调高

【答案】C。

4．某工程采用的预拌混凝土由承包人提供，双方约定承包人承担的价格风险系数≤5%。承包人投标时对预拌混凝土的投标报价为308元/m^3，招标人的基准价格为310元/m^3，实际采购价为327元/m^3。发包人在结算时确认的单价应为（　）元/m^3。

A．308.00　　B．309.49

C．310.00　　D．327.00

【答案】B。

【解析】327÷310－1＝5.48%＞5%，承包人投标报价低于基准单价，按基准单价算，并且超过合同中约定的风险系数，应予以调整，则308+310×（5.48%－5%）＝309.49元/m^3。

5．某分项工程招标工程量清单数量为4000m^2，施工中由于设计变更调减为3000m^2，该项目招标控制价综合单价为600元/m^2，投标报价为450元/m^2。合同约定实际工程量与招标工程量偏差超过±15%时，综合单价以招标控制价为基础调整。若承包人报价浮动率为10%，该分项工程费结算价为（　）万元。

A．137.70　　B．155.25

C．186.30　　D．207.00

【答案】A。

【解析】由于（4000－3000）/4000＝25%＞15%，因此，根据合同要求，需调整单价。根据条件代入P_2×（1－L）×（1－15%）＝600×（1－10%）×（1－15%）＝459元＞450元。因此，P_1按照P_2×（1－L）×（1－15%）进行调整，即P_1＝459×3000＝1377000元＝137.7万元。

采分点3　计日工

【考生必掌握】

主要掌握以下几点：

（1）计日工是合同范围以外的零星工程或工作。

（2）发包人通知承包人以计日工方式实施的零星工作，承包人应予执行。

（3）计日工计价的任何一项变更工作，承包人应按合同约定提交相关报表和有关凭证送发包人复核。

（4）承包人应在该项工作实施结束后的24h内向发包人提交有计日工记录汇总的现场签证报告。

（5）发包人在收到承包人提交现场签证报告后的2d内予以确认并返还。

（6）每个支付期末，承包人向发包人提交本期所有计日工记录的签证汇总表。

【想对考生说】

该采分点内容较少，掌握计日工费用的确认和支付即可。该采分点如果考查的话会是判断正确与错误说法的综合题目。

在工程变化类合同价款调整中还包括项目特征不符的价款调整规定，鉴于考试对此考查的概率不大，在此就不再阐述了。

【还会这样考】

根据《水利水电工程标准施工招标文件》，关于计日工的说法，正确的有（　）。

A．发包人通知承包人以计日工方式实施的零星工作，承包人应予执行

B．采用计日工计价的任何一项变更工作，承包人都应将相关报表和凭证送发包人复核

C．发包人在收到承包人提交现场签证报告后的2d内，应予以确认计日工记录汇总

D．计日工是承包人完成合同范围内的零星项目按合同约定的单价计价的一种方式

E．每个支付期末，承包人应向发包人提交本期所有计日工记录的签证汇总表

【答案】ABCE。

三、物价变化类合同价格的调整

采分点1　采用价格指数进行价格调整

【考生必掌握】

采用价格指数进行价格调整如图2-6-8所示。

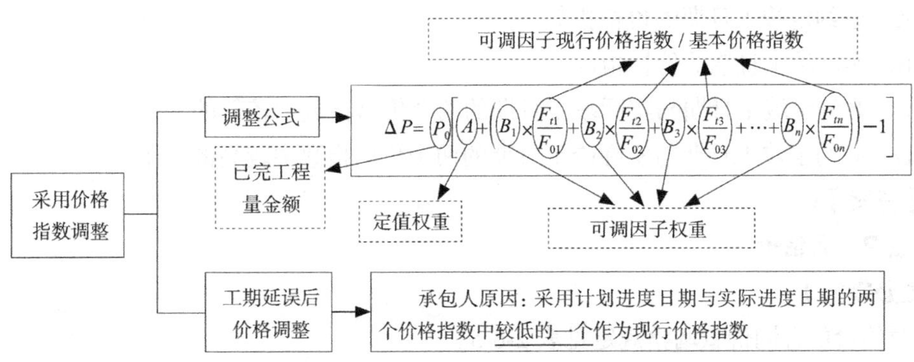

图2-6-8　采用价格指数进行价格调整

【想对考生说】

价格调整公式中的各可调因子、定值和变值权重，以及基本价格指数及其来源在投标函附录价格指数和权重表中约定。如果在题目中明确了"约定采用价格指数及价格调整公式调整价格差额"，我们就可以直接套用该公式。

【还会这样考】

1.**【2021 年真题】**某工程某月实际完成工程价款 100 万元，价格调整用调值公式。调值公式中的固定系数为 0.2。本月参加调价的因素除人工费的价格指数上升了 20% 外，其他都未发生变化，人工费占合同调值部分的 50%，不计其他，本月实际应结算的工程款为（　）万元。

A．108　　B．114

C．106　　D．104

【答案】A。

【解析】本月实际应结算的工程款为：100×（0.2+0.8×0.5×1.2+0.8×0.5）=108 万元。

2．某分项工程合同价为 6 万元，采用价格指数进行价格调整，可调值部分占合同总价的 70%，可调值部分由 A、B、C 三项成本要素构成，分别占可调值部分的 20%、40%、40%，基准日期价格指数均为 100，结算依据的价格指数分别为 110、95、103，则结算的价款为（　）万元。

A．4.83　　B．6.05

C．6.63　　D．6.90

【答案】B。

【解析】结算的价款 =6×[（1－70%）+（70%×20%×110/100＋70%×40%×95/100+70%×40%×103/100）]=6.05 万元。

3．根据《水利水电工程标准施工招标文件》，由于承包人原因未在约定的工期内竣工的，则对原约定竣工日期后继续施工的工程，在使用价格调整公式进行价格调整时，应使用的现行价格指数是（　）。

A．原约定竣工日期的价格指数

B．实际竣工日期的价格指数

C．原约定竣工日期与实际竣工日期的两个价格指数中较低的一个

D．原约定竣工日期与实际竣工日期的两个价格指数中较高的一个

【答案】C。

采分点 2　暂估价

【考生必掌握】

暂估价的合同价款调整规定见表 2-6-5。

暂估价的合同价款调整规定　　表 2–6–5

项目	给定暂估价的材料和工程设备	给定暂估价的专业工程
不属于依法必须招标	由承包人按照合同约定采购，经发包人确认后以此为依据取代暂估价，调整合同价款	按照工程变更事件的合同价款调整方法，确定专业工程价款，并以此为依据取代专业工程暂估价，调整合同价款

续表

项目	给定暂估价的材料和工程设备	给定暂估价的专业工程
属于依法必须招标	由发承包双方以招标的方式选择供应商，确定价格，并以此为依据取代暂估价，调整合同价款	（1）除合同另有约定外，承包人不参加投标的专业工程，应由承包人作为招标人。与组织招标工作有关的费用应当被认为已经包括在承包人的签约合同价（投标总报价）中。 （2）承包人参加投标的专业工程，应由发包人作为招标人，与组织招标工作有关的费用由发包人承担。同等条件下，应优先选择承包人中标。 （3）专业工程依法进行招标后，以中标价为依据取代专业工程暂估价，调整合同价款

【想对考生说】

要特别注意：暂估材料或工程设备的单价确定后，在综合单价中只应取代原暂估单价，不应再在综合单价中涉及企业管理费或利润等其他费的变动。

【还会这样考】

1. 发包人在招标工程量清单中给定某工程设备暂估价，下列关于该工程设备价款调整的说法正确的是（　　）。

A. 依法可不招标的项目，应由发包人组织采购，以采购价格取代暂估价

B. 依法可不招标的项目，应由承包人按合同约定采购，以发包人确认后的价格取代暂估价

C. 依法必须招标的项目，应由发包人招标选择供应商，以中标价格取代暂估价

D. 依法必须招标的项目，应由承包人招标选择供应商，以中标价格取代暂估价

【答案】B。

2. 签约合同中的暂估材料在确定单价以后，其相应项目综合单价的处理方式是（　　）。

A. 在综合单价中用确定单价代替原暂估价，并调整企业管理费，不调整利润

B. 在综合单价中用确定单价代替原暂估价，并调整企业管理费和利润

C. 综合单价不作调整

D. 在综合单价中用确定单价代替原暂估价，不再调整企业管理费和利润

【答案】D。

四、不可抗力造成损失的承担

【考生必掌握】

因不可抗力事件导致的人员伤亡、财产损失及其费用增加，发承包双方承担的损失如图 2-6-9 所示。

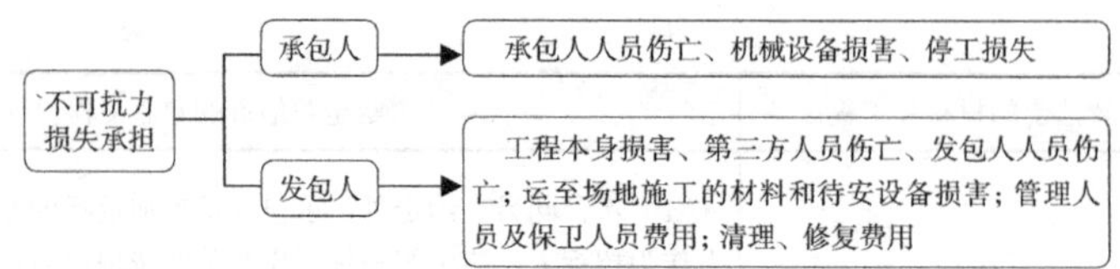

图 2-6-9　不可抗力事件发承包双方承担的损失

【想对考生说】

该采分点有三种考查题型：

一是计算题目，题干给出因不可抗力造成的损失费用，判断项目监理机构应批准的索赔金额。

二是选项中给出因不抗力造成的损失，判断是由发包人承担还是承包人承担。注意：一般不会在题干中给出因不抗力造成的损失，判断是由发包人承担还是承包人承担。

三是以判断正确与错误说法的表述题目考查。

【还会这样考】

1．因不可抗力造成的下列损失，应由承包人承担的是（　　）。

A．停工期间承包人应发包人要求留在施工现场的必要的管理人员的费用

B．合同工程本身的损害

C．工程所需清理和修复费用

D．承包人的施工机械设备损失及停工损失

【答案】D。

2．某工程在施工过程中，因不可抗力造成如下损失：（1）在建工程损失 10 万元；（2）承包人受伤人员医药费和补偿金 2 万元；（3）施工机具损坏损失 1 万元；（4）工程清理和修复费用 0.5 万元。承包人及时向项目监理机构提出了索赔申请，共索赔 13.5 万元。项目监理机构应批准的索赔金额为（　　）万元。

A．10.0　　　　B．10.5

C．12.5　　　　D．13.5

【答案】B。

【解析】由发包人承担的损失，监理机构才会批准。索赔金额 =10+0.5=10.5 万元。

3．在施工阶段，下列因不可抗力造成的损失中，属于发包人承担的有（　　）。

A．在建工程的损失

B．承包人施工人员受伤产生的医疗费

C．施工机具的损坏损失

D．施工机具的停工损失

E．工程清理修复费用

【答案】AE。

第六节　合同结算管理

【考生必掌握】

合同结算管理规定如图 2-6-10 所示。

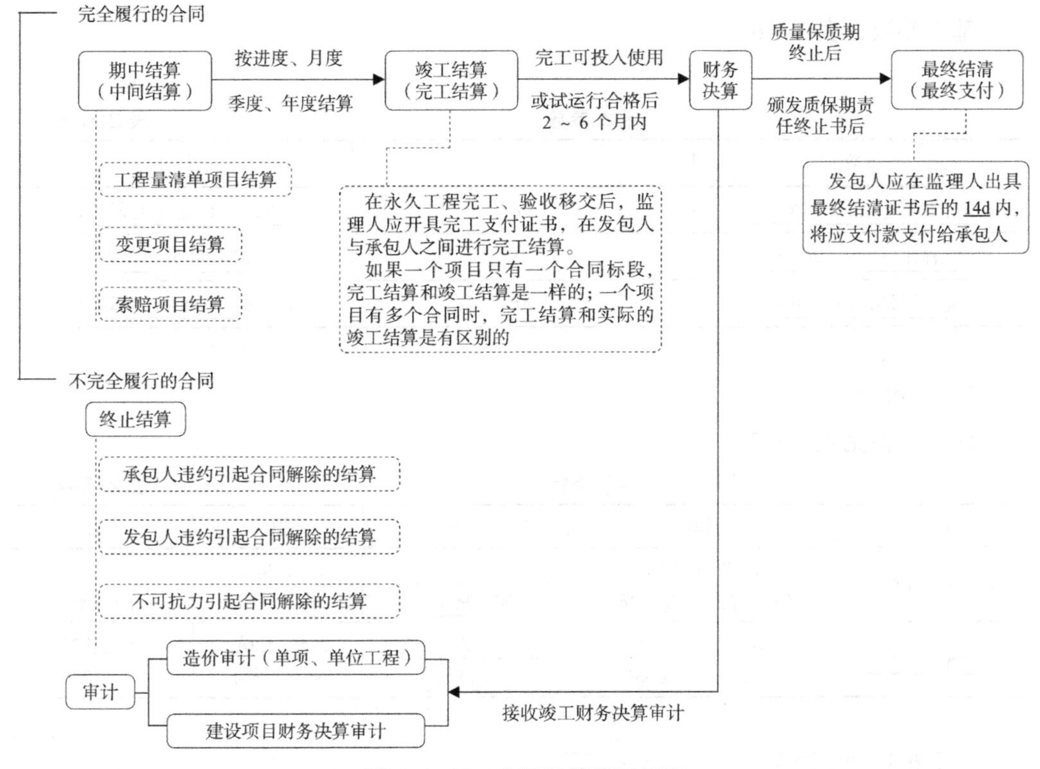

图 2-6-10　合同结算管理规定

【还会这样考】

1．发包人应在监理人出具最终结清证书后的（　　）d 内，将应支付款支付给承包人。

A．7　　B．14

C．28　　D．42

【答案】B。

2．完全履行的合同结算包括（　　）。

A．工程量清单项目的结算　　B．变更项目的结算

C．不可抗力引起解除合同后的结算　　D．索赔项目的结算

E．承包人违约引起解除合同后的结算

【答案】ABD。

第七节　投资偏差分析

一、赢得值法

【考生必掌握】

1．基本参数

基本参数见表 2-6-6。

基本参数　　表 2-6-6

参数	简称	计算
已完工程计划投资（*BCWP*）	*BP*	已完成工作量 × 计划单价
工程计划投资（*BCWS*）	*BS*	计划工作量 × 计划单价
已完工程实际投资（*ACWP*）	*AP*	已完成工作量 × 实际单价

2．评价指标

评价指标见表 2-6-7。

评价指标　　表 2-6-7

指标	计算	记忆	评价	记忆
投资偏差（*CV*）	*ACWP*－*BCWP* *CV* = *A*－*B*（或 *CAB*）	两“已完”相减， 实际减计划	＞0，超支； ＜0，节支	得正不利， 得负有利
进度偏差（*SV*）	*BCWS*－*BCWP* *SV* = *S*－*P*（或 *SSP*）	两“计划”相减， 计划减已完	＞0，延误； ＜0，提前	

【想对考生说】

在进行投资偏差分析时，还要考虑以下几组投资偏差参数：

（1）局部偏差和累计偏差。所谓局部偏差，有两层含义：一是对于整个项目而言，指各单项工程、单位工程及分部分项工程的投资偏差；二是对于整个项目已经实施的时间而言，是指每个控制周期所发生的投资偏差。累计偏差是一个动态的概念，其数值总是与具体的时间联系在一起，第一个累计偏差在数值上等于局部偏差，最终的累计偏差就是整个项目的投资偏差。

（2）绝对偏差和相对偏差。绝对偏差是指投资实际值与计划值比较所得到的差额。

【还会这样考】

1．某工程施工至 2020 年 10 月底，经统计分析：已完工程计划投资 650 万元，已完

工程实际投资 600 万元，工程计划投资 700 万元，该工程此时的进度偏差为（　）万元。

A．-100　　B．-50

C．100　　D．50

【答案】B。

【解析】进度偏差 = 700－650＝50 万元。

2．某工程进行到第 2 个月末时，已完工程计划投资为 40 万元，已完工程实际投资为 45 万元，则该项目的投资控制效果是（　）。

A．投资偏差为 -5 万元，项目运行超出预算

B．投资偏差为 5 万元，项目运行节支

C．投资偏差为 5 万元，项目运行超出预算

D．投资偏差为 -5 万元，项目运行节支

【答案】C。

【解析】投资偏差 = 已完工程实际投资－已完工程计划投资 =45－40＝5 万元> 0，结果为正，表示投资超支。

二、偏差原因分析

【考生必掌握】

产生投资偏差的原因一般有五种，如图 2-6-11 所示。

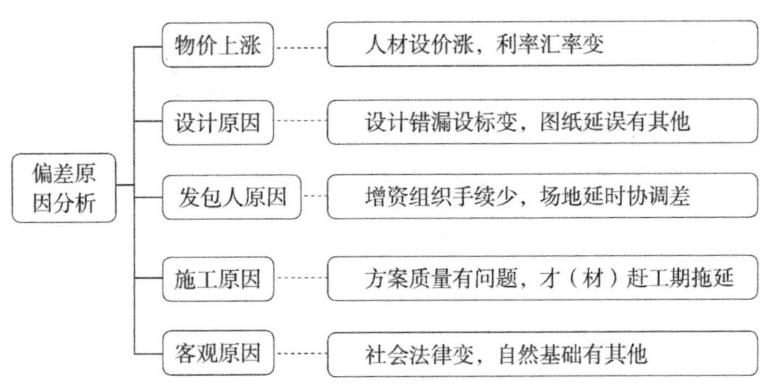

图 2-6-11　偏差原因分析

【想对考生说】

这部分内容有两种考查题型：

一是题干中给出具体偏差原因，要求判断属于哪类原因。

二是选项中给出具体偏差原因，要求判断属于哪类原因。

注意：各偏差原因会相互作为干扰选项出现。

【还会这样考】

1．某工程因汇率变化导致投资增加，产生此投资偏差的原因是（　）。

A．发包人原因　　B．物价上涨

C．施工原因　　D．客观原因

【答案】B。

2．下列引起投资偏差的原因中，属于发包人原因的有（　）。

A．设计标准变化　　B．增加项目内容

C．投资规划不当　　D．施工方案不当

E．未及时提供施工场地

【答案】BCE。

第七章 竣工财务决算和项目后评价

第一节 竣工财务决算

一、竣工财务决算的编制要求

【考生必掌握】

组织：水利基本建设项目竣工财务决算由项目法人或项目责任单位组织编制。项目法人应组织财务、计划、统计、工程技术和合同管理等专门人员，组成专门班子或机构共同完成此项工作。

期限：建设项目完成并满足竣工财务决算编制条件后，项目法人应在规定的期限内完成竣工财务决算的编制工作。大中型项目的期限为3个月，小型项目的期限为1个月。

规模：竣工财务决算应区分大中、小型项目，应按项目规模分别编制。项目规模以批复的设计文件为准。设计文件未明确的，非经营性项目投资额在3000万元（含3000万元）以上、经营性项目投资额在5000万元（含5000万元）以上的为大中型项目；其他项目为小型项目。

内容：建设项目包括两个或两个以上独立概算的单项工程的，单项工程竣工时，可编制单项工程竣工财务决算。建设项目全部竣工后，应编制该项目的竣工财务总决算。建设项目是大中型项目，而单项工程是小型项目的，应按大中型项目的编制要求编制单项工程竣工财务决算。

费用：未完工程投资及预留费用可预计纳入竣工财务决算。大中型项目应控制在总概算的3%以内，小型项目应控制在5%以内。

【想对考生说】

本考点在考试时一般会考核单项选择题，注意组织编制主体以及数据规定。

【还会这样考】

1. 水利工程基本建设项目竣工财务决算应由（　）编制。

A．项目法人　　B．设计单位

C．监理单位　　D．施工单位

【答案】A。

2．根据《水利基本建设项目竣工财务决算编制规程》SL 19—2014，大型水利工程建设项目可预计纳入竣工财务决算的未完工程投资及预留费用应控制在总概算的（　）以内。

A．3%　　B．5%

C．10%　　D．15%

【答案】A。

二、竣工财务决算审计

【考生必掌握】

水利工程基本建设项目审计按建设管理过程分为开工审计、建设期间审计和竣工决算审计。

竣工决算审计是指水利基本建设项目竣工验收前，水利审计部门对其竣工决算的真实性、合法性和效益性进行的审计监督和评价。

竣工决算审计的程序应包括以下四个阶段：

（1）审计准备阶段。包括审计立项、编制审计实施方案、送达审计通知书等环节。

（2）审计实施阶段。包括收集审计证据、编制审计工作底稿、征求意见等环节。

（3）审计报告阶段。包括出具审计报告、审计报告处理、下达审计结论等环节。

（4）审计终结阶段。包括整改落实和后续审计等环节。

项目法人和相关单位应在收到审计结论 60 个工作日内执行完毕，并向水利审计部门报送审计整改报告；确需延长审计结论整改执行期的，应报水利审计部门同意。

审计方法应主要包括详查法、抽查法、核对法、调查法、分析法、其他方法等。

竣工决算审计是建设项目竣工结算调整、竣工验收、竣工财务决算审批及项目法人法定代表人任期经济责任评价的重要依据。

【想对考生说】

竣工决算审计程序中四个阶段中每个阶段的具体工作内容注意区分，会相互作为干扰选项。

【还会这样考】

1．水利工程建设项目审计按建设过程分为（　）审计。

A．前期工作　　B．开工

C．建设期间　　D．竣工决算

E．竣工后

【答案】BCD。

2. 竣工决算审计准备阶段包括（　）环节。

A. 收集审计证据　　B. 审计立项

C. 编制审计工作底稿　　D. 编制审计实施方案

E. 送达审计通知书

【答案】BDE。

3. 根据《水利基本建设项目竣工决算审计规程》SL 557—2012，竣工决算审计是（　）的重要依据。

A. 竣工结算调整

B. 竣工验收

C. 竣工财务决算审批

D. 施工单位法定代表人任期经济责任评价

E. 项目法人法定代表人任期经济责任评价

【答案】ABCE。

第二节　项目后评价

【考生必掌握】

项目后评价的内容大体上可以分为全过程评价和阶段性评价或专项评价。

全过程评价是从项目的立项决策、勘测设计等前期工作开始到项目建成投产运行若干年以后的全过程进行评价，其主要内容包括过程评价、经济评价、环境影响评价、水土保持评价、移民安置评价、社会影响评价、目标和可持续性评价等方面。

阶段性评价或专项评价可分为勘测设计和立项决策评价、施工监理评价、生产经营评价、经济后评价、管理后评价、防洪后评价、灌溉后评价、发电后评价、资金筹措使用和还贷情况后评价等。我国目前推行的后评价主要是全过程后评价，在某些特定条件下也可进行阶段性或专项评价。

【还会这样考】

项目后评价的内容大体上可以分为全过程评价和阶段性评价或专项评价。全过程评价的主要内容包括（　）。

A. 过程评价　　B. 水土保持评价

C. 移民安置评价　　D. 目标和可持续性评价

E. 立项决策评价

【答案】ABCD。

03 第三部分

建设工程进度控制

第一章 进度控制体系

第一节　进度影响因素

【考生必掌握】

工程建设中，工程进度的影响因素很多，其中水利工程进度影响因素一般包括以下几个方面，如图 3-1-1 所示。

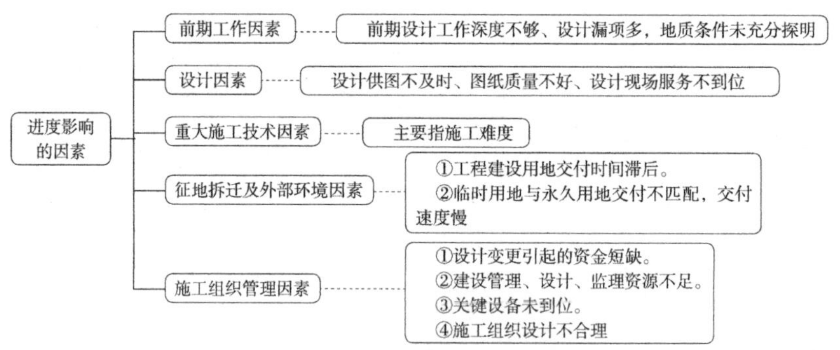

图 3-1-1　水利工程进度影响因素

【想对考生说】

影响工程进度的因素考试时会相互作为干扰选项出现，主要考查的题型是：判断备选项中影响因素属于哪一方面原因。

【还会这样考】

影响建设工程进度的不利因素有很多，其中属于施工组织管理因素的有（　　）。

A．地下埋藏文物的保护及处理　　B．临时停水停电

C．施工安全措施不当　　D．施工单位技术力量不足

E．关键设备未到位

【答案】DE。

第二节　进度计划体系

【考生必掌握】

进度计划的类型如图 3-1-2 所示。

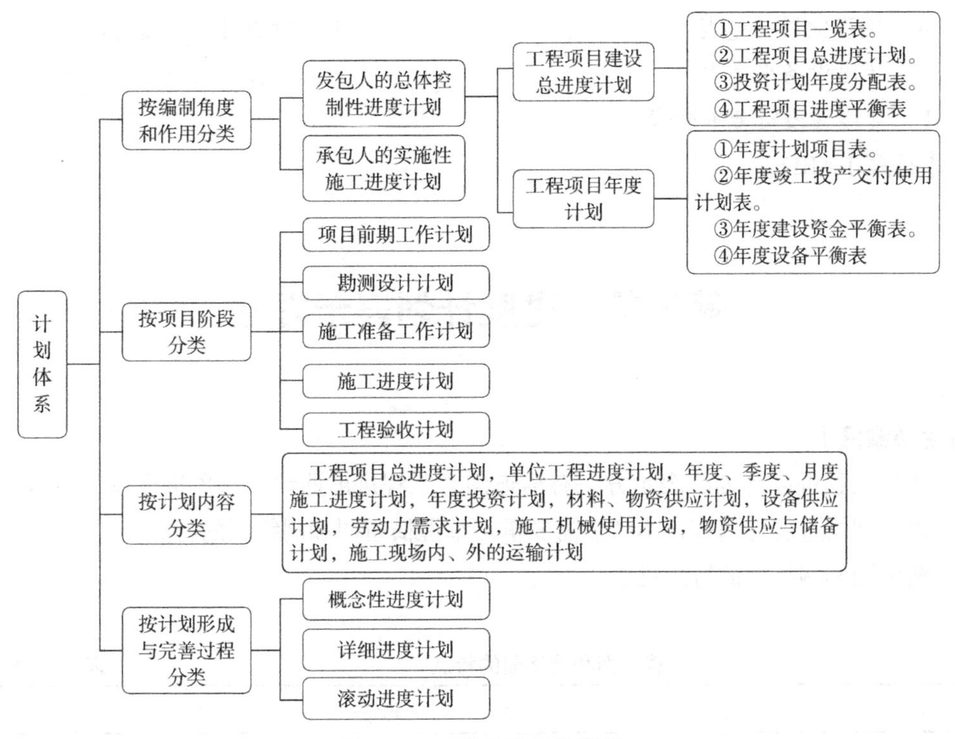

图 3-1-2　进度计划的类型

【考生这样记】

工程项目建设总进度计划表格：总览投资和进度。

工程项目年度计划表格：项目竣工设备资金两平衡。

【想对考生说】

工程项目年度计划的各项表格全部带有“年度”一词，并以初步设计为依据。而带有“年度”及“本年”字样的一般也属于工程项目年度计划的内容，但投资计划年度分配表是个特例，它属于工程项目建设总进度计划。

【还会这样考】

1．按项目阶段分类，项目进度计划包括（　）。

A．项目前期工作计划　　B．工程验收计划

C．勘测设计计划　　D．单位工程进度计划

E．详细进度计划

【答案】ABC。

2．下列进度计划表中，属于发包人总体控制性进度计划系统中工程项目建设总进度计划的有（　）。

A．工程项目一览表　　B．投资计划年度分配表

C．年度设备平衡表　　D．工程项目进度平衡表

E．年度建设资金平衡表

【答案】ABD。

第三节　进度计划表示方法

【考生必掌握】

建设工程进度计划的表示方法有横道图、工程进度曲线、形象进度图、进度里程碑计划、网络进度计划等，本考点需要重点掌握横道图和网络图的特点。

横道图和网络图的特点见表 3-1-1。

横道图和网络图的特点　　表 3-1-1

表示方法		内容
横道图	优点	（1）能明确地表示出各项工作的开始时间、结束时间和持续时间。 （2）一目了然，易于理解，能够为各层次的人员所掌握和运用
	缺点	（1）不能明确地反映出各项工作之间错综复杂的相互关系。 （2）不能明确地反映出影响工期的关键工作和关键线路。 （3）不能反映出工作所具有的机动时间。 （4）不能反映工程费用与工期之间的关系
网络图的特点		（1）网络计划能够明确表达各项工作之间的逻辑关系。 （2）通过网络计划时间参数的计算，可以找出关键线路和关键工作。 （3）通过网络计划时间参数的计算，可以明确各项工作的机动时间。 （4）网络计划可以利用电子计算机进行计算、优化和调整

【还会这样考】

1．采用横道图表示建设工程进度计划的优点是（　）。

A．能够明确反映工作之间的逻辑关系　　B．易于编制和理解进度计划

C．便于优化调整进度计划　　D．能够直接反映影响工期的关键工作

【答案】B。

2．利用横道图表示工程进度计划的缺点有（　）。

A．不能明确反映关键工作和关键线路

B．不能明确表示工作之间的相互搭接关系

C．不能反映工程费用与工期之间的关系

D．不能实现工程进度计划的优化和调整

E．不能利用电子计算机进行绘图

【答案】ABC。

3．关于建设工程网络计划技术特征的说法，正确的有（　）。

A．形象、直观、易于编制

B．网络计划能够明确表达各项工作之间的逻辑关系

C．通过网络计划时间参数的计算，可以找出关键线路和关键工作

D．通过网络计划时间参数的计算，可以明确各项工作的机动时间

E．网络计划可以利用电子计算机进行计算、优化和调整

【答案】BCDE。

第二章 网络计划技术

第一节　网络图绘制规则和方法

一、双代号网络图的绘制规则

扫码学习

【考生必掌握】

判断双代号网络计划图中错误的做法主要有以下几种，见表 3-2-1。

判断双代号网络计划图中错误的做法　　表 3-2-1

作图错误	判断的理论依据
多个起点节点	如果双代号网络计划中存在两个以上（包括两个）的节点只有外向箭线，而无内向箭线，就说明该双代号网络计划存在多个起点节点。有几个这样的节点就有几个起点节点
多个终点节点	如果双代号网络计划中存在两个以上（包括两个）的节点只有内向箭线，而无外向箭线，就说明该双代号网络计划存在多个终点节点。有几个这样的节点就有几个终点节点
节点编号错误	双代号网络计划图中节点的编号顺序应从小到大，可不连续，但不允许重复；箭尾节点的编号小于其箭头节点的编号。如果不符合以上条件，说明存在节点编号错误的情况。即： ⑤——→④
存在循环回路	如果双代号网络计划图中存在从某一节点出发沿着箭线的方向又回到了该节点，这就说明该网络计划中存在循环回路。即： ①→②→③→①
逻辑关系错误	需要根据题中所给定的各项工作的紧前工作或紧后工作来判定，如果双代号网络计划图中的每一工作的紧前工作或紧后工作与给定的条件相符，说明双代号网络计划图中的逻辑关系正确；反之，逻辑关系不正确
工作代号重复	在双代号网络计划中，如某一工作代号出现两次以上（包括两次），就说明工作代号重复
虚工作多余	在双代号网络计划中，如某一虚工作的紧前工作只有虚工作，那么该虚工作是多余的；如果某两个节点之间既有虚工作，又有实工作，那么该虚工作也是多余的

【想对考生说】

双代号网络计划的绘图规则是需要考生重点掌握的知识点，而且要理解网络图中常见的各种工作逻辑关系的表示方法。这一考点考查的题型大致有以下三类：

（1）用文字叙述双代号网络图的绘制方法，判断是否正确。

（2）题目给出一个错误的双代号网络图，判断该图中存在哪些错误。

【还会这样考】

1. 某双代号网络计划如图 3-2-1 所示（时间单位：d），存在的绘图错误是（　　）。

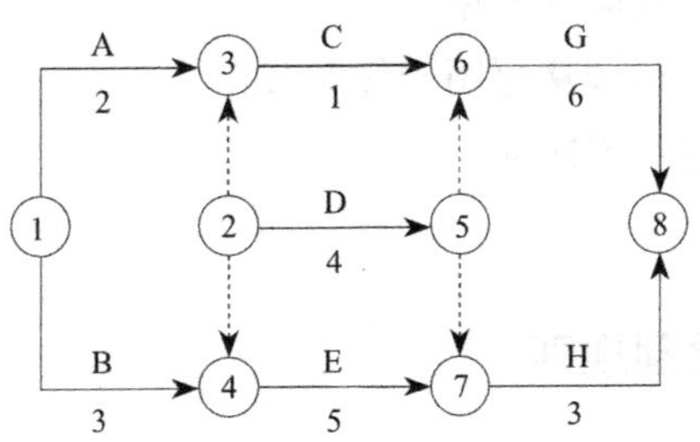

图 3-2-1　双代号网络计划图

A．有多个起点节点　　B．工作标识不一致

C．节点编号不连续　　D．时间参数有多余

【答案】A。

【解析】存在①、②两个起点节点。

2. 某分部工程中各项工作间逻辑关系见表 3-2-2，相应的双代号网络计划如图 3-2-2 所示，图中错误有（　　）。

某分部工程中各项工作间逻辑关系　　表 3-2-2

工作	A	B	C	D	E	F	G	H	I	J
紧后工作	C	F、G	H	H	H、I、J	H、I、J	I、J	—	—	—

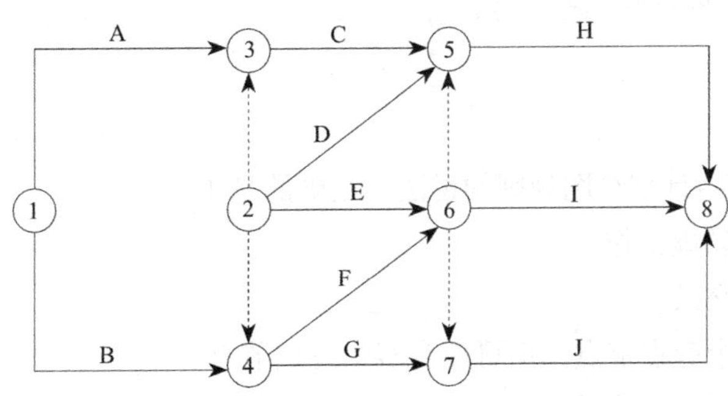

图 3-2-2　双代号网络计划图

A．多个终点节点　　B．多个起点节点

C．工作代号重复　　D．不符合给定逻辑关系

E．节点编号有误

【答案】BDE。

【解析】图中只有一个终点节点⑧；图中有①、②两个起点节点；工作代号无重复；图中工作 G 的紧后工作只有工作 J；节点编号⑤、⑥顺序错误。

3．关于网络图绘图规则的说法，正确的有（　）。

A．双代号网络图可以有多个起点节点

B．双代号网络图可以有多个终点节点

C．网络图中均严禁出现循环回路

D．双代号网络图中，母线法可用于任意节点

E．网络图中节点编号可不连续

【答案】CE。

二、单代号网络图的绘制规则

【考生必掌握】

（1）单代号网络图必须正确表达已确定的逻辑关系。

（2）单代号网络图中，不允许出现循环回路。

（3）单代号网络图中，不能出现双向箭头或无箭头的连线。

（4）单代号网络图中，不能出现没有箭尾节点的箭线和没有箭头节点的箭线。

（5）绘制网络图时，箭线不宜交叉，当交叉不可避免时，可采用过桥法或指向法绘制。

（6）单代号网络图中只应有一个起点节点和一个终点节点。当网络图中有多项起点节点或多项终点节点时，应在网络图的两端分别设置一项虚工作，作为该网络图的起点节点和终点节点。

【想对考生说】

单代号网络图的绘制规则一般会考查判断正确与错误说法的题目，根据图形判断错误做法的题目几乎不考。

【还会这样考】

关于单代号网络计划绘图规则的说法，正确的是（　）。

A．不允许出现虚工作

B．箭线不能交叉

C．只能有一个起点节点，但可以有多个终点节点

D．不能出现双向箭头的连线

【答案】D。

第二节 单代号、双代号网络计划

一、网络计划时间参数的概念

【考生必掌握】

网络计划中工作的6个时间参数，见表3-2-3。

网络计划中工作的6个时间参数　表3-2-3

时间参数	概念	符号表示
最早开始时间	在其所有紧前工作全部完成后，本工作有可能开始的最早时刻	双代号网络计划中，用 ES_{i-j} 表示。单代号网络计划中，用 ES_i 表示
最早完成时间	在其所有紧前工作全部完成后，本工作有可能完成的最早时刻	双代号网络计划中，用 EF_{i-j} 表示。单代号网络计划中，用 EF_i 表示
最迟完成时间	在不影响整个任务按期完成的前提下，本工作必须完成的最迟时刻	双代号网络计划中，用 LF_{i-j} 表示。单代号网络计划中，用 LF_i 表示
最迟开始时间	在不影响整个任务按期完成的前提下，本工作必须开始的最迟时刻	双代号网络计划中，用 LS_{i-j} 表示。单代号网络计划中，用 LS_i 表示
总时差	在不影响总工期的前提下，本工作可以利用的机动时间	双代号网络计划中，用 TF_{i-j} 表示。单代号网络计划中，用 TF_i 表示
自由时差	在不影响其紧后工作最早开始时间的前提下，本工作可以利用的机动时间	双代号网络计划中，用 FF_{i-j} 表示。单代号网络计划中，用 FF_i 表示

【想对考生说】

注意：(1)对于同一项工作而言，自由时差不会超过总时差。当工作的总时差为零时，其自由时差必然为零。

(2)某工作的完成节点为终点节点的非关键工作，其总时差和自由时差相等，且不为零。

【还会这样考】

1. 在工程网络计划中，某项工作的自由时差不会超过该工作的（　）。

A. 总时距　　B. 持续时间

C. 间歇时间　　D. 总时差

【答案】D。

2. 工程网络计划中，某项工作的总时差为零时，则该工作的（　）必然为零。

A. 时间间隔　　B. 时距

C. 间歇时间　　D. 自由时差

【答案】D。

二、双代号网络计划时间参数的计算

采分点 1　双标号法计算双代号网络计划时间参数

【考生必掌握】

【想对考生说】

按工作计算法是以网络计划中的工作为对象，直接计算各项工作的时间参数，也就是“六时标注法”。“六时标注法”这个方法计算公式很多，计算过程烦琐，而且需要占用很长时间，稍不留神就会出现错误，这里就不再罗列“六时标注法”中涉及的计算公式了。为了节约时间，确保计算过程简单、计算结果准确无误，这里介绍一个非常简便的方法，即“双标号法”。该方法是标号法与时标网络计划结合而成的方法，一是“标号”，二是“时标”，也就是节点和工作同时标号。运用“双标号法”可以确定网络计划的计算工期、关键线路、关键工作，可以计算最早开始时间、最早完成时间；最迟开始时间、最迟完成时间；总时差、自由时差。具体计算，通过下面题目说明。

计算图 3-2-3 所示双代号网络图的时间参数（单位：月）。

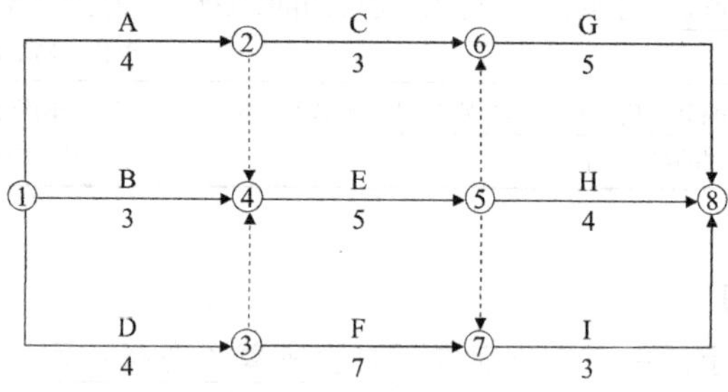

图 3-2-3　双代号网络图

第 1 步：标号。

对每一个节点和每一项工作进行标号，如图 3-2-4 所示。

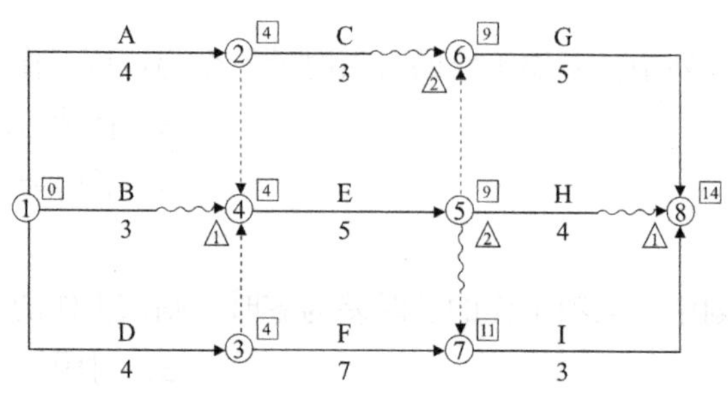

图 3-2-4　双代号网络图标号

起点节点①的标号值为 0。

节点②只有一项工作 A 指向，标号值为 0+4 = 4。

节点③只有一项工作 D 指向，标号值为 0+4 = 4。

节点④有一项工作 B 和两项虚工作指向，我们知道虚工作的持续时间为 0。标号值= max{（0+3），（4+0），（4+0）} = 4；此时工作 B 的 0+3 = 3 个月，与标记的 4 个月有 1 个月的差值，我们用波形线标记在工作 B 上。

节点⑤只有一项工作 E 指向，标号值为 4+5 = 9。

节点⑥有一项工作 C 和一项虚工作指向，标号值= max{（4+3），（9+0）} = 9；此时工作 C 的 4+3 = 7 个月，与标记的 9 个月有 2 个月的差值，用波形线标记在工作 C 上。

节点⑦有一项工作 F 和一项虚工作指向，标号值= max{（4+7），（9+0）} = 11；此时虚工作的 9+0 = 9 个月，与标记的 11 个月有 2 个月的差值，用波形线标记在虚工作⑤→⑦上。

节点⑧有三项工作 G、H、I 指向，标号值= max{（9+5），（9+4），（11+3）} = 14；此时工作 H 的 9+4 = 13 个月，与标记的 14 个月有 1 个月的差值，用波形线标记在工作 H 上。

第 2 步：确定计算工期。

确定方法：终点节点的标号值就是计算工期。

该网络图的终点节点是节点⑧，它的标号值是 14，那么计算工期就是 14 个月。

第 3 步：确定关键工作与关键线路。

（1）关键工作确定方法：没有波形线的工作就是关键工作。

关键工作：A、D 、E、F、G、I。

（2）关键工作确定方法：把关键工作连成完整的线路就是关键线路。

以工作表示关键线路：A → E → G；D → E → G；D → F → I。

以节点表示关键线路：①→②→④→⑤→⑥→⑧；①→③→④→⑤→⑥→⑧；①→③→⑦→⑧。

网络图中没有标记波形线的工作有 A、D、E、F、G、I。这些工作就是关键工作。在考试中可能会这样考核：在网络图中的关键工作包括（　）。

接下来我们把这些关键工作连一下，看看可以连成几条线路？从节点①开始，可以连成①→②→④→⑤→⑥→⑧；①→③→④→⑤→⑥→⑧；①→③→⑦→⑧这 3 条。关键线路的表示方法有两种，分别是以工作表示和以节点表示，不论以哪种表示，中间只能用箭线连接。

在本科目考试中可能会这样考核：某工程双代号网络计划如下图所示，其中关键线路有（　）。在《建设工程监理案例分析》科目中，找出网络图中的关键线路（以工作表示）或者是（以节点表示），一定要看清楚，如果不按要求作答，即使找对了关键线路也不会得分的。

第 4 步：计算工作的最早开始和最早完成时间。

计算方法：

最早开始时间＝箭尾节点的标号值；

最早完成时间＝最早开始时间＋持续时间。

网络图中每一项工作的最早开始和最早完成时间都是多少呢？

工作 A：最早开始时间是 0，最早完成时间是 0+4 ＝ 4。

工作 B：最早开始时间是 0，最早完成时间是 0+3 ＝ 3。

工作 C：最早开始时间是 4，最早完成时间是 4+3 ＝ 7。

工作 D：最早开始时间是 0，最早完成时间是 0+4 ＝ 4。

工作 E：最早开始时间是 4，最早完成时间是 4+5 ＝ 9。

工作 F：最早开始时间是 4，最早完成时间是 4+7 ＝ 11。

工作 G：最早开始时间是 9，最早完成时间是 9+5 ＝ 14。

工作 H：最早开始时间是 9，最早完成时间是 9+4 ＝ 13。

工作 I：最早开始时间是 11，最早完成时间是 11+3 ＝ 14。

第 5 步：计算工作的自由时差和总时差。

计算方法：

（1）关键工作的自由时差＝总时差＝ 0。

（2）非关键工作的自由时差＝波形线标记的数值。

特别注意：若某工作的紧后工作全部是虚工作，则此工作的自由时差为所有紧后虚工作波形线标记的数值的最小值。

（3）非关键工作的总时差＝ min{ 所有从该工作的起点到达终点节点的各条线路上的自由时差之和 }。

根据第（1）条可以判断关键工作 A、D 、E、F、G、I 的总时差和自由时差均为 0。

根据第（2）条可以判断非关键工作 B、C、H 的自由时差分别为 1、2、1。

网络图中工作 E 的紧后工作有两项虚工作，依据“特别注意”来计算其自由时差，自由时差就等于所有紧后虚工作波形线标记的数值的最小值，在这个网络图中，工作 E 是关键工作，如果不是关键工作，虚工作⑤→⑥会标记波形线的，也会有一个数值，那就和 2 来比较大小，取数值小的就是工作 E 的自由时差。

根据第(3)条来判断工作B的总时差:从工作B的起点到达终点节点的线路有3条，分别是:①→④→⑤→⑥→⑧、①→④→⑤→⑧、①→④→⑤→⑦→⑧，其自由时差之和分别为1、1+1 = 2、1+2 = 3，我们取最小值1就是工作B的总时差。

判断工作C的总时差：从工作C的起点到达终点节点的线路只有1条，那总时差就等于2。

判断工作H的总时差：从工作H的起点到达终点节点的线路只有1条，那总时差就等于1。

第6步：计算工作的最迟开始和最迟完成时间。

计算方法：

（1）最迟开始时间=最早开始时间+总时差。

（2）最迟完成时间=最迟开始时间+持续时间。

特别指出：

（1）关键工作的最迟开始时间=最早开始时间。

（2）关键工作的最迟完成时间=最早完成时间。

工作的总时差=该工作最迟完成时间－最早完成时间，(或该工作最迟开始时间－最早开始时间)，最迟完成时间=最迟开始时间+持续时间。

“特别指出”实际是计算方法的一个特例，因为关键工作的总时差为0，所以最迟开始时间就等于最早开始时间，特别指出的第（2）条实际就是特别指出的第（1）条的公式两边同时加了一个持续时间。

【还会这样考】

【想对考生说】

本考点主要有三种题型，且大部分是计算题。

第一种题型是已知某工作和其紧后工作的部分时间参数来求该工作的其他时间参数。

第二种题型是已知双代号网络计划来求某工作的时间参数。

第三种题型是对时间参数计算的表述题。

第一类题型：

1. 在某工程网络计划中，工作M的最早开始时间为第7天，其持续时间为5d。工作M共有三项紧后工作，它们的最早时间分别为第15天、第16天和第18天，则工作M的自由时差为（　）d。

A. 10　　　　B. 8

C．6　　D．3

【答案】D。

【解析】工作 M 有三项紧后工作，故它的自由时差等于本工作的紧后工作最早开始时间减本工作最早完成时间所得之差的最小值，即 $FF_{M}=\min\{15-12，16-12，18-12\}=3d$。

2．某工程网络计划中，工作 E 的持续时间为 6d，最迟完成时间为第 28 天。该工作有三项紧前工作，其最早完成时间分别为第 16 天、第 19 天和第 20 天，则工作 E 的总时差是（　）d。

A．1　　B．2

C．3　　D．6

【答案】B。

【解析】工作 E 的最早开始时间 $=\max\{16，19，20\}=20d$；工作 E 的最迟开始时间 $=28-6=22d$，因此，工作 E 的总时差 $=22-20=2d$。

3．某网络计划中，工作 A 有两项紧后工作 C 和 D，C、D 工作的持续时间分别为 12d、7d，C、D 工作的最迟完成时间分别为第 18 天、第 10 天，则工作 A 的最迟完成的时间是第（　）天。

A．3　　B．5

C．6　　D．8

【答案】A。

【解析】C、D 工作的最迟开始时间分别为第 6 天和第 3 天，所以工作 A 的最迟完成时间是第 3 天。

【想对考生说】

网络计划时间参数中的开始时间和完成时间分别以时间单位上班和下班时刻为标准。比如第 4 天完成即是第 4 天终了（下班）时刻完成，实际上也可以认为是第 5 天上班时刻才完成。

第二类题型：

某工程网络计划如图 3-2-5 所示（时间单位：d），图中工作 D 的自由时差和总时差分别是（　）d。

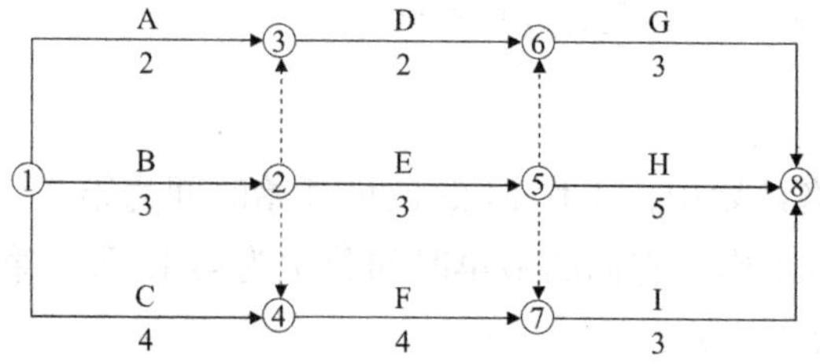

图 3-2-5　工程网络计划图

A．0 和 3　　　　B．1 和 0

C．1 和 1　　　　D．1 和 3

【答案】D。

【解析】这道题我们采用双标号法来计算。标号如图 3-2-6 所示。

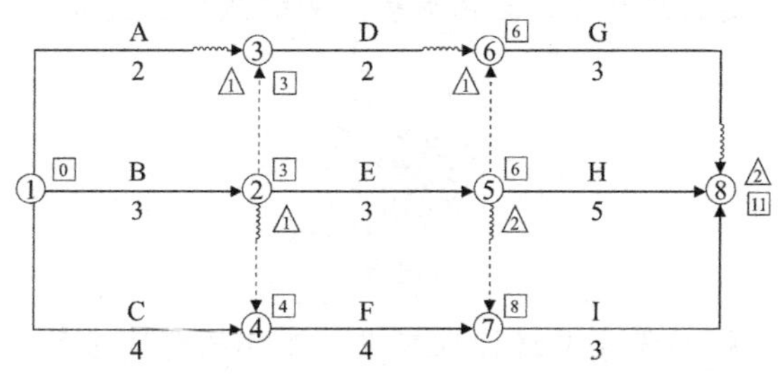

图 3-2-6　工程网络计划标号图

关键线路有两条，分别为①→②→⑤→⑧，①→④→⑦→⑧。工作 D 为非关键工作，非关键工作的自由时差＝波形线标记的数值，也就是 1。非关键工作的总时差＝min{所有从该工作的起点到达终点节点的各条线路上的自由时差之和}，也就是 min{（1+1+2），（1+2）}＝3。

第三类题型：

1．当本工作有紧后工作时，其自由时差等于所有紧后工作最早开始时间与本工作（　）。

A．最早开始时间之差的最大值　　　　B．最早开始时间之差的最小值

C．最早完成时间之差的最大值　　　　D．最早完成时间之差的最小值

【答案】D。

2．在工程双代号网络计划中，某项工作的最早完成时间是指其（　）。

A．完成节点的最早时间与工作自由时差之差

B．开始节点的最早时间与工作自由时差之和

C．完成节点的最迟时间与工作总时差之差

D．开始节点的最早时间与工作总时差之和

【答案】C。

【想对考生说】

经过这些题目的强化，相信考生对这部分的内容已经掌握了。

采分点 2　按节点计算法计算双代号网络计划时间参数

【考生必掌握】

工作的总时差等于该工作完成节点的最迟时间减去该工作开始节点的最早时间所得差值再减其持续时间。

工作的自由时差等于该工作完成节点的最早时间减去该工作开始节点的最早时间所得差值再减其持续时间。

其他时间参数的计算可参考教材学习。

【想对考生说】

该采分点主要是对总时差、自由时差、关键线路、关键工作的考查。

扫码学习

考查题型是已知双代号网络计划来求某工作的时间参数，而且以多项选择题为主。

【还会这样考】

1. 某工程双代号网络计划中各个节点的最早时间和最迟时间如图 3-2-7 所示，图中表明（　）。

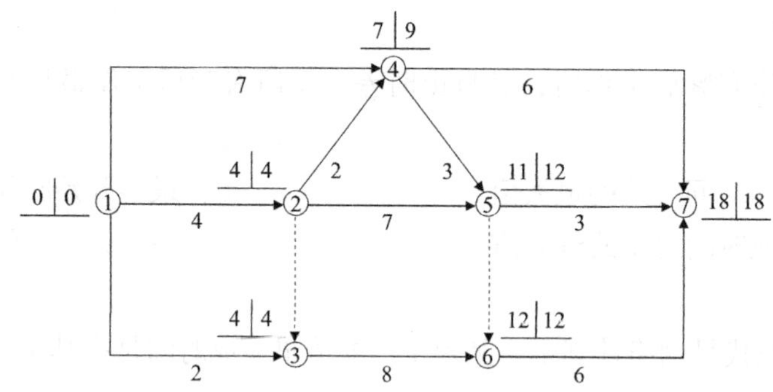

图 3-2-7　工程双代号网络计划图

A. 工作 1—3 为关键工作　　B. 工作 2—4 的总时差为 2

C. 工作 2—5 的总时差为 1　　D. 工作 3—6 为关键工作

E. 工作 5—7 的自由时差为 4

【答案】 CDE。

【解析】 选项 A 错误，工作 1—3 为非关键工作；选项 B 错误，工作 2—4 的总时差为 $9-4-2=3$。

2. 某工程双代号网络计划中各节点的最早时间与最迟时间如图 3-2-8 所示，图中表明（　）。

A. 工作 1—4 为关键工作　　B. 工作 4—7 为关键工作

C. 工作 1—3 的自由时差为 0　　D. 工作 3—7 的总时差为 3

E. 关键线路有 3 条

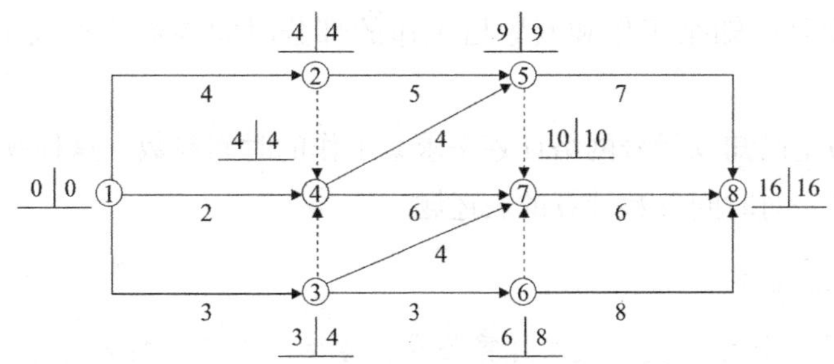

图 3-2-8　工程双代号网络计划图

【答案】BCD。

【解析】本题中的关键线路为①→②→⑤→⑧、①→②→④→⑦→⑧，共两条，关键工作包括①—②、②—⑤、④—⑦、⑤—⑧、⑦—⑧，故选项 A、E 错误，选项 B 正确。工作 1—3 的自由时差 $= 3-3=0$，故选项 C 正确；工作 3—7 的总时差 $= 10-4-3=3$，故选项 D 正确。

3．某工程双代号网络计划如图 3-2-9 所示，图中已标明每项工作的最早开始时间和最迟开始时间，该计划表明（　）。

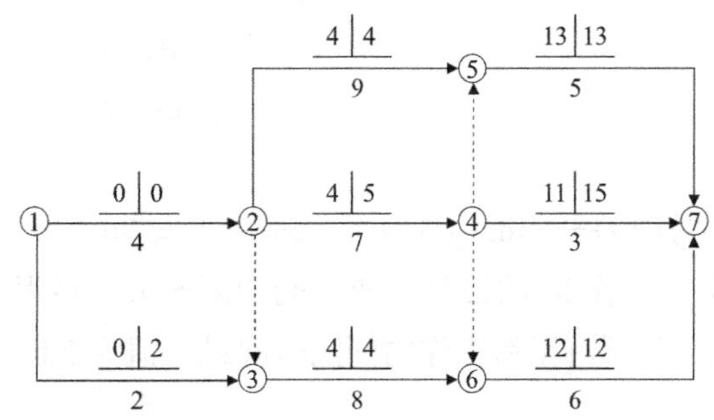

图 3-2-9　工程双代号网络计划图

A．工作 1—3 的自由时差为 2

B．工作 2—5 为关键工作

C．工作 2—4 的自由时差为 1

D．工作 3—6 的总时差为零

E．工作 4—7 为关键工作

【答案】ABD。

【解析】工作 1—3 的自由时差 $= 4-0-2=2$；图中的关键线路为①→②→⑤→⑦，①→②→③→⑥→⑦，所以工作 2—5 为关键工作，工作 4—7 为非关键工作；工作 2—4 的自由时差 $= \min\{(13-4-7), (11-4-7), (12-4-7)\} = 0$；工作 3—6 的总时差 $= 4-4=0$。

三、单代号网络计划时间参数的计算

【考生必掌握】

单代号网络计划时间参数的计算可考题型有三类：

第一类题型是已知某工作和其紧后工作的部分时间参数来求该工作的其他时间参数。

第二类题型是已知双代号网络计划来求某工作的时间参数。这种题型是常考题型。

第三类题型是对时间参数计算的表述题。

【想对考生说】

单代号网络计划时间参数的计算公式，考生可参考教材来记忆。

扫码学习

【还会这样考】

第一类题型：

1．某工作有 2 个紧后工作，紧后工作的总时差分别是 3d 和 5d，对应的间隔时间分别是 4d 和 3d，则该工作的总时差是（　）d。

A．6　　B．8

C．9　　D．7

【答案】D。

【解析】该工作的总时差＝min{（3+4），（5+3）}＝7d。

2．某网络计划中，工作 M 的最早完成时间为第 8 天，最迟完成时间为第 13 天，工作的持续时间为 4d，与所有紧后工作的间隔时间最小值为 2d，则该工作的自由时差为（　）d。

A．2　　B．3

C．4　　D．5

【答案】A。

【想对考生说】

自由时差＝min{ 时间间隔 }。

第二类题型：

1．某单代号网络计划如图 3-2-10 所示（时间单位：d），工作 5 的最迟完成时间是（　）。

A．10　　B．9

C．8　　D．7

【答案】B。

【解析】由于工作的最早完成时间应等于本工作的最早开始时间与其持续时间之

和，依次类推得出工作 5 的最早开始时间为 6，最早完成时间为 6+2 = 8。

相邻两项工作之间的时间间隔是指其紧后工作的最早开始时间与本工作最早完成时间的差值。故 $LAG_{5,6} = 8-8 = 0$d，$LAG_{5,8} = 9-8 = 1$d，$LAG_{6,9} = 11-9 = 2$d，$LAG_{8,9} = 11-11 = 0$d。

网络计划终点节点所代表的工作的总时差应等于计划工期与计算工期之差，当计划工期等于计算工期时，该工作的总时差为零。故工作 9 的总时差为 0。

其他的总时差应等于本工作与其各紧后工作之间的时间间隔加该紧后工作的总时差所得之和的最小值。工作 6 的总时差= 2+0 = 2d，工作 8 的总时差为 0。

工作 5 的总时差= min{0+2，1+0} = 1d。工作的最迟完成时间等于本工作的最早完成时间与其总时差之和，故工作 5 的最迟完成时间= 8+1 = 9d。

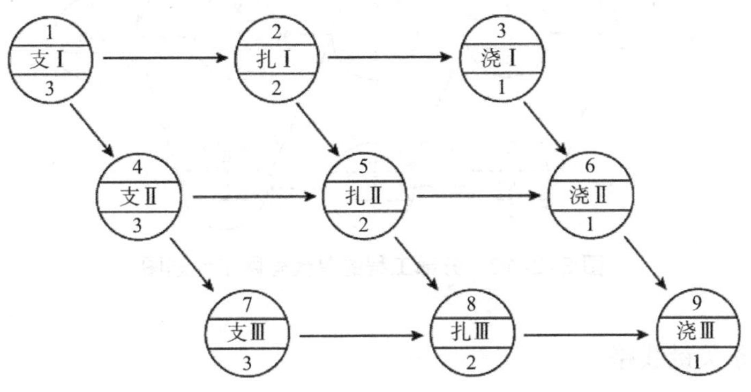

图 3-2-10　单代号网络计划图

2. 某工程的网络计划如图 3-2-11 所示（时间单位：d），图中工作 B 和 E 之间、工作 C 和 E 之间的时间间隔分别是（　）d。

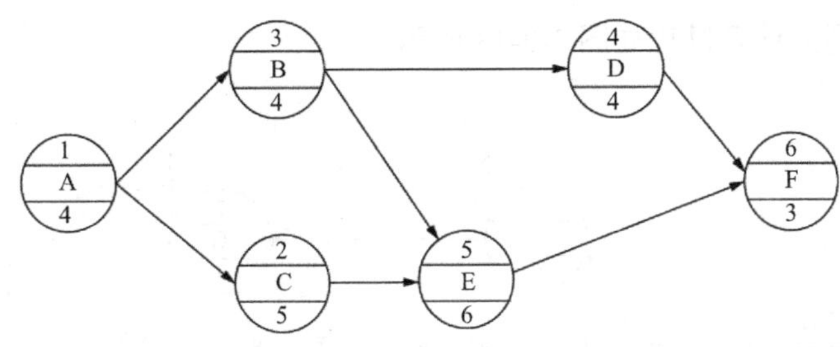

图 3-2-11　工程的网络计划图

A. 1 和 0　　B. 5 和 4

C. 0 和 0　　D. 4 和 4

【答案】A。

【解析】本题的计算过程如下：

（1）$ES_A = 0$，$EF_A = 0+4 = 4$。

（2）$ES_B = 4$，$EF_B = 4+4 = 8$。

（3）$ES_C = 4$，$EF_C = 4+5 = 9$。

（4）$ES_D = 8$，$EF_D = 8+4 = 12$。

（5）$ES_E = \max\{EF_B, EF_C\} = \max\{8, 9\} = 9$，$EF_E = 9+6 = 15$。

由此可知，$LAG_{B,E} = ES_E - EF_B = 9-8 = 1$；$LAG_{C,E} = ES_E - EF_C = 9-9 = 0$。

3．某分部工程的单代号网络计划如图 3-2-12 所示（时间单位：d），下列说法正确的有（　）。

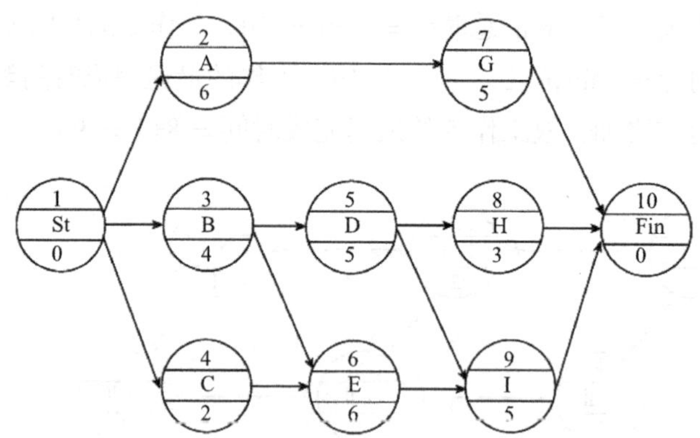

图 3-2-12　分部工程的单代号网络计划图

A．有两条关键线路

B．计算工期为 15

C．工作 G 的总时差和自由时差均为 4

D．工作 D 和 I 之间的时间间隔为 1

E．工作 H 的自由时差为 2

【答案】 BCD。

【解析】 本题的计算过程如图 3-2-13 所示。

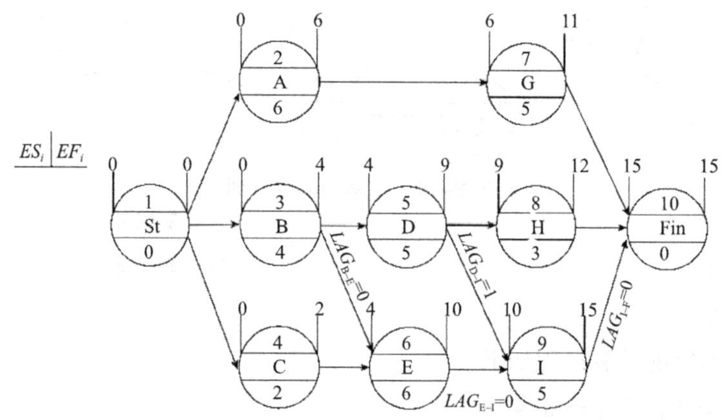

图 3-2-13　分部工程的单代号网络计划图

由图可知关键线路为 B → E → I，只有一条，计算工期为 15。故选项 A 错误，选项 B 正确。工作 G 的总时差＝ 0+15－11 ＝ 4，工作 G 的自由时差＝ 15－11 ＝ 4。故选项 C 正确。工作 D 和 I 之间的时间间隔＝ 10－9 ＝ 1，故选项 D 正确。工作 H 的自由时差＝ 15－12 ＝ 3，故选项 E 错误。

第三类题型：

单代号网络计划时间参数计算中，相邻两项工作之间的时间间隔（$LAG_{i,\ j}$）是（　）。

A．紧后工作最早开始时间和本工作最早开始时间之差

B．紧后工作最早开始时间和本工作最早完成时间之差

C．紧后工作最早完成时间和本工作最早开始时间之差

D．紧后工作最迟完成时间和本工作最早完成时间之差

【答案】B。

第三节　双代号时标网络计划

一、双代号时标网络计划的一般规定

【考生必掌握】

（1）双代号时标网络计划必须以水平时间坐标为尺度表示工作时间。时标的时间单位应根据需要在编制网络计划之前确定，可为时、天、周、月或季。

（2）时标网络计划中所有符号在时间坐标上的水平投影位置，都必须与其时间参数相对应。节点中心必须对准相应的时标位置。

（3）时标网络计划中虚工作必须以垂直方向的虚箭线表示，有自由时差时加波形线表示。

（4）时标网络计划能在图上直接显示出各项工作的开始与完成时间、工作的自由时差及关键线路。

（5）双代号时标网络计划的编制方法有直接绘制法和间接绘制法两种。直接法绘制步骤如下：

①将起点节点定位在时标计划表的起始刻度线上。

②按工作持续时间在时标计划表上绘制起点节点的外向箭线。

③其他工作的开始节点必须在其所有紧前工作都绘出以后，定位在这些紧前工作最早完成时间最大值的时间刻度上，某些工作的箭线长度不足以到达该节点时，用波形线补足，箭头画在波形线与节点连接处。

④用上述方法从左至右依次确定其他节点位置，直至网络计划终点节点定位，绘图完成。

【想对考生说】

这部分内容是基础知识点，为方便学习后面内容，需要理解。

扫码学习

【还会这样考】

1．双代号时标网络计划中，波形线表示工作的（　）。

A．总时差　　B．自由时差

C．相干时差　　D．工作时间

【答案】B。

2．双代号时标网络计划的特点之一是（　）。

A．可以在图上直接显示工作开始与结束时间和自由时差，但不能显示关键线路

B．不能在图上直接显示工作开始与结束时间，但可以直接显示自由时差和关键线路

C．可以在图上直接显示工作开始与结束时间，但不能显示自由时差和关键线路

D．可以在图上直接显示工作开始与结束时间、自由时差和关键线路

【答案】D。

3．关于双代号时标网络计划的说法，正确的是（　）。

A．能在图上直接显示各项工作的最迟开始与最迟完成时间

B．工作间的逻辑关系可以设法表达，但不易表达清楚

C．没有虚箭线，绘图比较简单

D．工作的自由时差可以通过比较与其紧后工作间波形线的长度得出

【答案】D。

二、时标网络计划中时间参数的判定

【考生必掌握】

1．工作最早开始时间和最早完成时间

工作最早开始时间和最早完成时间的判定如图 3-2-14 所示。

2．工作自由时差

利用波形线判定自由时差如图 3-2-15 所示。

3．工作总时差

（1）以终点节点为完成节点的工作，其总时差等于计划工期与本工作最早完成时间之差。

（2）其他工作的总时差等于其各紧后工作总时差的最小值与本工作的自由时差之和。

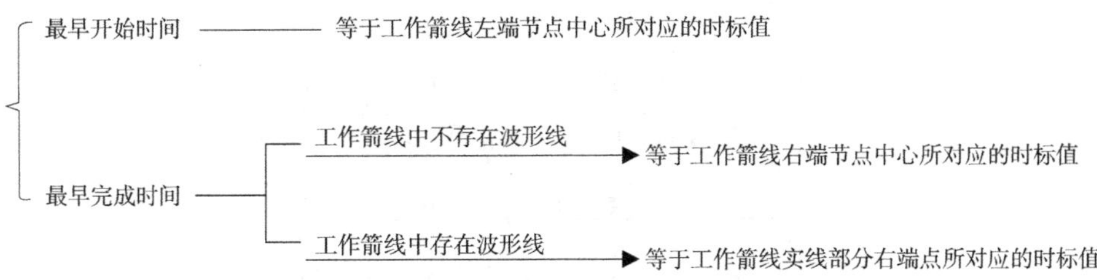

图 3-2-14　工作最早开始时间和最早完成时间的判定

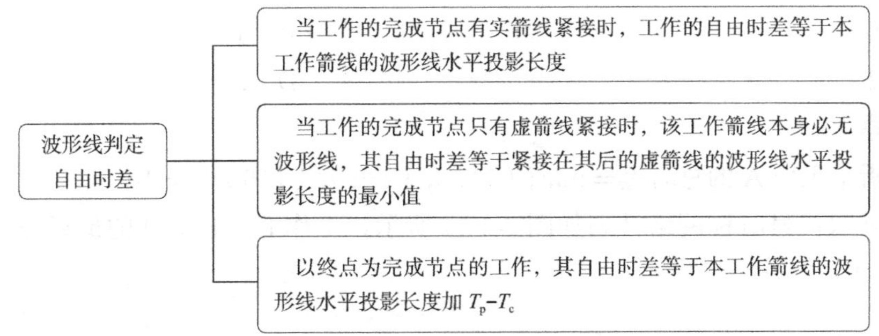

图 3-2-15　波形线判定自由时差

【想对考生说】

下面介绍另一种总时差的计算方法——波形线累加法。

4．工作最迟开始时间和最迟完成时间

（1）工作的最迟开始时间等于本工作的最早开始时间与其总时差之和。

（2）工作的最迟完成时间等于本工作的最早完成时间与其总时差之和。

【还会这样考】

1. 某工程双代号时标网络计划如图 3-2-16 所示（时间单位：d），工作 A 的总时差为（　）d。

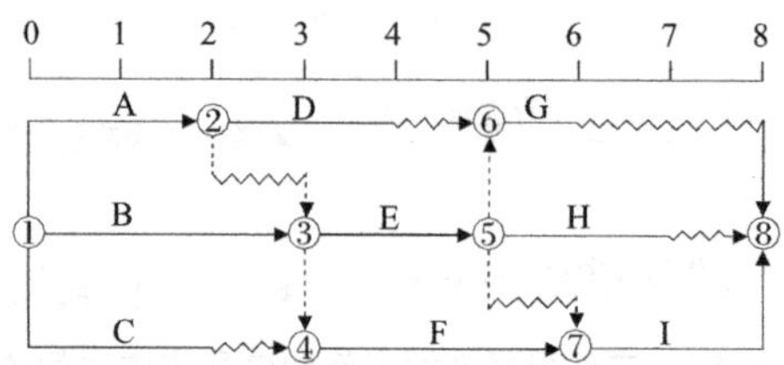

图 3–2–16　双代号时标网络计划图

A．0　　B．1

C．2　　D．3

【答案】B。

【解析】工作 A 的总时差＝min{（1+2），（1+1），（1+0）}＝1d。

2. 某双代号时标网络计划如图 3-2-17 所示，工作 F、工作 H 的最迟完成时间分别为（　）。

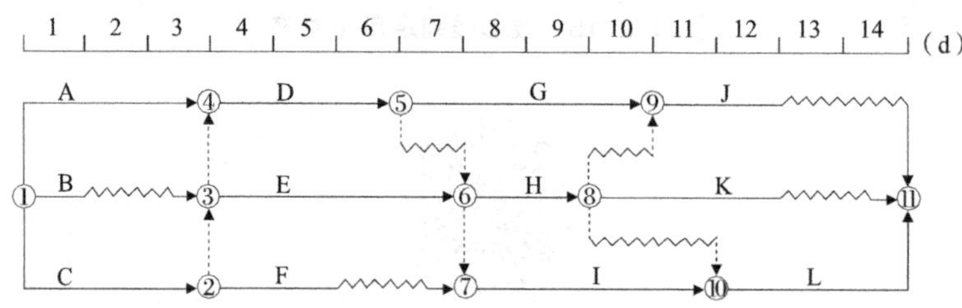

图 3–2–17　双代号时标网络计划图

A．第 7 天、第 9 天　　B．第 7 天、第 11 天

C．第 8 天、第 9 天　　D．第 8 天、第 11 天

【答案】B。

【解析】首先应从终点节点逆着箭线到起点节点，找出关键线路为：①→②→③→⑥→⑦→⑩→⑪。

F 工作的最迟完成时间＝最早完成时间＋总时差

F 工作的最迟完成时间＝5+2＝7d

H 工作的最迟完成时间＝最早完成时间＋总时差

H 工作的最迟完成时间＝9+2＝11d。

第四节　有时限的网络计划

【考生必掌握】

本节内容中重点掌握有最早开始时限和最迟完成时限的网络计划。下面通过 1 个题目来学习有最早开始时限和最迟完成时限网络计划时间参数的计算。

【例】某有最早开始时限和最迟完成时限网络计划如图 3-2-18 所示，有一个最早开始时限，即 L_{ES}（2，5）= 60，有三个最迟完成时限，即 L_{EF}（1，3）= 15，L_{EF}（3，4）= 40，L_{EF}（4，5）= 75。

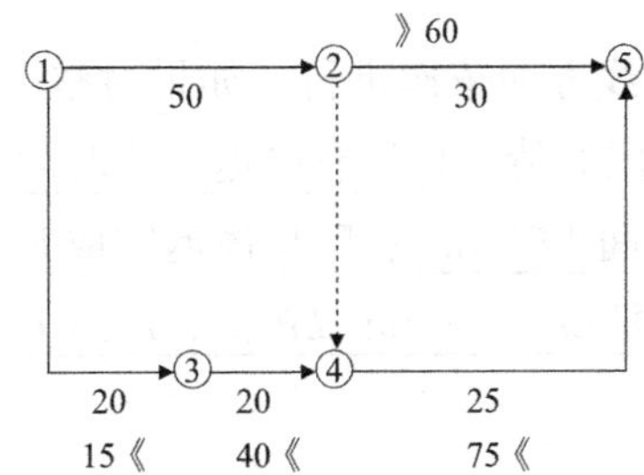

图 3-2-18　有最早开始时限和最迟完成时限网络计划

1．首先应掌握两个概念

最早开始时限——该工作必须在某个特定日期之后才能开始，用 L_{ES}（i，j）之前加“》”表示，标注在横向箭线尾部上面。

最迟完成时限——该工作必须在某个特定日期之前才能完成，用 L_{LF}（i，j）之前加“《”表示，标注在横向箭线尾部下面。

2．工作最早时间的计算

从起始工作开始顺着箭线方向开始计算，如果对整个网络计划规定了最早开始时限，则按起始工作有最早开始时间对待。如有最早开始时限，首先应按普通网络图中的计算方法求出最早开始时间 ES'_{i-j}，然后与最早开始时限 L_{ES}（i，j）比较，取大值为该工作的最早开始时间，即 $ES_{i-j} = \max\{ES'_{i-j},\ L_{ES}(i,\ j)\}$。

计算从起始节点 1 开始，工作 1—2、1—3 没有最早开始时限，故：

$ES_{1-2} = 0$;

$EF_{1-2} = ES_{1-2}+D_{1-2} = 0+50 = 50$。

$ES_{1-3} = 0$;

$EF_{1-3} = ES_{1-3}+D_{1-3} = 0+20 = 20$。

最迟完成时限对最早开始时间计算没有影响，故：

$ES_{3-4}=EF_{1-3}=20$；

$EF_{3-4}=ES_{3-4}+D_{3-4}=20+20=40$；

$ES_{2-4}=EF_{1-2}=50$；

$EF_{2-4}=ES_{2-4}+D_{2-4}=50+0=50$（虚工作）。

$ES_{2-5}=\max\{ES'_{2-5}，L_{ES}（2，5）\}=\max\{LF_{1-2}，L_{ES}（2，5）\}=\max\{50，60\}=60$；

$EF_{2-5}=ES_{2-5}+D_{2-5}=60+30=90$。

$ES_{4-5}=\max\{EF_{3-4}，EF_{2-4}\}=\max\{40，50\}=50$；

$EF_{4-5}=ES_{4-5}+D_{4-5}=50+25=75$。

3．工作最迟时间的计算

由终点节点开始逆着箭线方向依次进行。如果对整个网络计划了最迟完成时限，则按完成工作有最迟完成时限对待。如果有最迟完成时限，首先用普通网络图中的计算方法求出它的最迟完成时间 EF'_{i-j}，然后与最迟完成时限 $L_{LF}（i，j）$比较，小的就是该工作的最迟完成时间，即 $LF_{i-j}=\min\{LF'_{i-j}，L_{LF}（i，j）\}$。

$T_C=90$。

$LF_{2-5}=90$；

$LS_{2-5}=LF_{2-5}-D_{2-5}=90-30=60$；

$LF_{4-5}=\min\{LF'_{4-5}，L_{LF}（4，5）\}=\min\{90，75\}=75$；

$LS_{4-5}=LF_{4-5}-D_{4-5}=75-25=50$。

$LF_{3-4}=\min\{LF'_{3-4}，L_{LF}（3，4）\}=\min\{50，40\}=40$；

$LS_{3-4}=LF_{3-4}-D_{3-4}=40-20=20$。

$LF_{1-3}=\min\{LF'_{1-3}，L_{LF}（1，3）\}=\min\{20，15\}=15$；

$LS_{1-3}=LF_{1-3}-D_{1-3}=15-20=-5$；

$LS_{2-4}=LF_{2-4}=LS_{4-5}=50$（虚工作）；

$LF_{1-2}=\min\{LS_{2-5}，LS_{2-4}\}=\min\{60，50\}=50$；

$LS_{1-2}=LF_{1-2}-D_{1-2}=50-50=0$。

4．总时差的计算

与在普通网络图中的计算相同。

$TF_{1-2}=LF_{1-2}-EF_{1-2}=50-50=0$；

$TF_{1-3}=LF_{1-3}-EF_{1-3}=15-20=-5$；

$TF_{2-5}=LF_{2-5}-EF_{2-5}=90-90=0$；

$TF_{3-4}=LF_{3-4}-EF_{3-4}=40-40=0$；

$TF_{4-5}=LF_{4-5}-EF_{4-5}=75-75=0$。

5．自由时差的计算

与在普通网络图中的计算有差异，公式为：

$$FF_{i-j}=\min\{ES_{j-k}-EF_{i-j},\ L_{LF}(i,j)-EF_{i-j}\}$$

$FF_{1-2}=\min\{ES_{2-5}-EF_{1-2},\ ES_{2-4}-EF_{1-2}\}=\min\{60-50,\ 50-50\}=0$；

$FF_{1-3}=\min\{ES_{3-4}-EF_{1-3},L_{LF}(1,3)-EF_{1-3}\}=\min\{20-20,15-20\}=-5$，出现负值，说明本计划不可行，应相应调整。

$FF_{2-5}=T_C-EF_{2-5}=90-90=0$；

$FF_{3-4}=\min\{ES_{4-5}-EF_{3-4},L_{LF}(3,4)-EF_{3-4}\}=\min\{50-40,40-40\}=0$；

$FF_{4-5}=\min\{T_C-EF_{4-5},L_{LF}(4,5)-EF_{4-5}\}=\min\{90-75,75-75\}=0$。

【还会这样考】

【2021 年真题】在有限时间的工程网络计划中，工作的最早开始时限是指（　）。

A．该工作必须在某个特定日期之后才能开始

B．该工作必须在某个特定日期之后才能完成

C．该工作必须在某个特定日期之前开始

D．该工作必须在某个特定日期之前完成

【答案】A。

第五节　搭接网络计划

一、搭接关系的种类及表达方式

【考生必掌握】

单代号搭接网络计划中搭接关系的种类及表达方式见表 3-2-4。

单代号搭接网络计划中搭接关系的种类及表达方式　表 3-2-4

搭接关系	表达方式
结束到开始（*FTS*）的搭接关系	i　j　FTS；(i, D_i) —FTS→ (j, D_j)
开始到开始（*STS*）的搭接关系	i　j　STS；(i, D_i) —STS→ (j, D_j)

续表

搭接关系	表达方式
结束到结束（FTF）的搭接关系	i FTF j; i FTF j D_i D_j
开始到结束（STF）的搭接关系	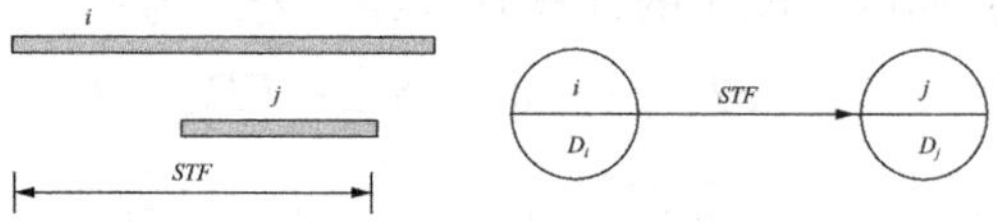 i j STF; i STF j D_i D_j
混合搭接关系	i FTF j STS; i STS FTF j D_i D_j i FTS j STF; i FTS STF j D_i D_j

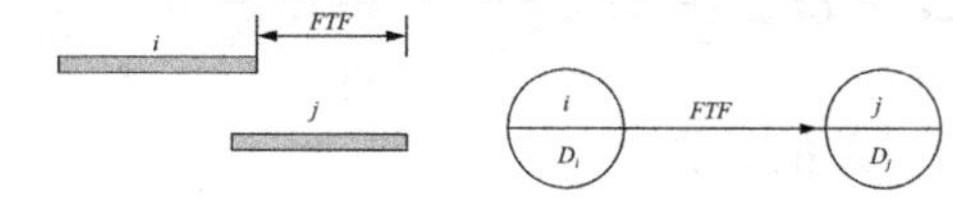

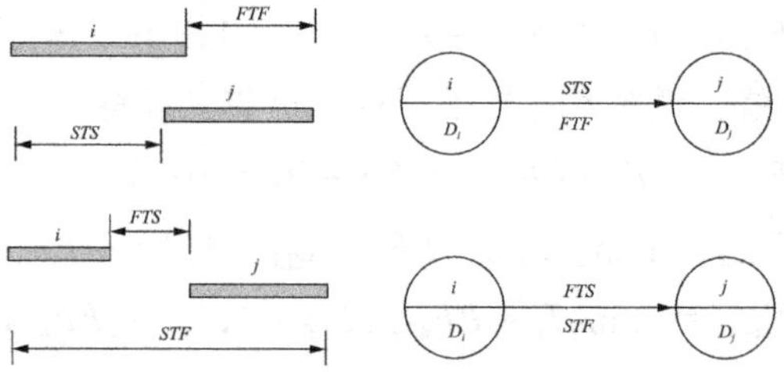

【想对考生说】

这是基础性知识点，为了学习后面单代号搭接网络计划时间参数的计算，考生应了解这部分内容。

【还会这样考】

1．某引水渠的开挖和衬砌工作，为了缩短工期，组织平行交叉作业。根据现场条件，开挖工作开始 5d 后，衬砌工作即可进行。开挖工作的开始与衬砌工作的开始之间的搭接关系属于（　）。

A．开始到结束的关系　　B．结束到结束的关系

C．结束到开始的关系　　D．开始到开始的关系

【答案】D。

2．某分部工程由 A、B 工作组成，其中 A 工作结束 4d 后，B 工作开始。则 A、B 工作之间的搭接关系是（　）。

A．从开始到结束　　B．从结束到结束

C．从结束到开始　　D．从开始到开始

【答案】C。

二、搭接网络时间参数的计算

【考生必掌握】

关于搭接网络时间参数的计算主要掌握以下内容：

（1）起点节点的最早开始时间为零，最早完成时间为开始加持续。

（2）其他工作的最早时间按时距算。

①时距为 STS，$ES_j = ES_i + STS$。

②时距为 STF，$ES_j = ES_i + STF - D_j$。

【考生这样记】

前者开始加时距，如遇完成减持续。

③时距为 FTS，$ES_j = EF_i + FTS$。

④时距为 FTF，$ES_j = EF_i + FTF - D_j$。

【考生这样记】

前者完成加时距，如遇完成减持续。

（3）相邻两项工作之间的时间间隔：

① FTS 时的时间间隔：$LAG_{i,j} = ES_j - (EF_i + FTS_{i,j}) = ES_j - EF_i - FTS_{i,j}$。

② STS 时的时间间隔：$LAG_{i,j} = ES_j - (ES_i + STS_{i,j}) = ES_j - ES_i - STS_{i,j}$。

【考生这样记】

开始减时距，遇开减开，遇完减完。

③ FTF 时的时间间隔：$LAG_{i,j} = EF_j - (EF_i + FTF_{i,j}) = EF_j - EF_i - FTF_{i,j}$。

④ STF 时的时间间隔：$LAG_{i,j} = EF_j - (ES_i + STF_{i,j}) = EF_j - ES_i - STF_{i,j}$。

【考生这样记】

完成减时距，遇开减开，遇完减完。

⑤混合搭接关系时的时间间隔。当相邻两项工作之间存在两种时距及以上的搭接关系时，应分别计算出时间间隔，然后取其中的最小值。

【还会这样考】

1．某工程单代号搭接网络计划中工作 B、D、E 之间的搭接关系和时间参数如图 3-2-19 所示，工作 D 和工作 E 的总时差分别为 6d 和 2d，则工作 B 的总时差为（　）d。

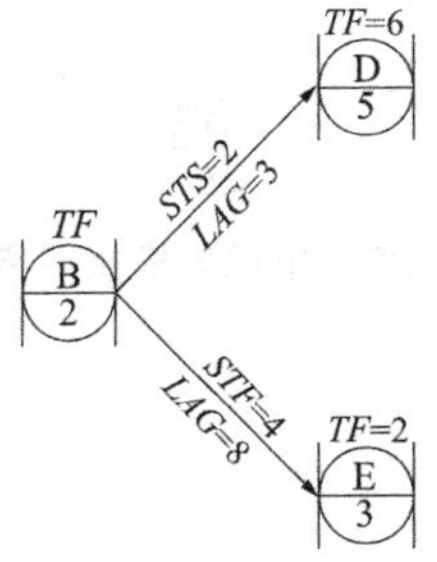

图 3-2-19　某工程单代号搭接网络计划

【想对考生说】

关于搭接网络时间参数的计算再给大家总结一个方法——万能标号法，时距的代号、含义及万能公式见表 3-2-5。

时距的代号、含义及万能公式　　表 3-2-5

相邻两项工作之间的时距		公式	万能公式	LAG 的计算
代号	含义			
STS	开始到开始	$ES_i + STS_{i,j} = ES_j$	时距首字母代表的参数 + 时距 = 时距尾字母所代表的参数	LAG = 时距尾字母所代表的参数 − 时距值 − 首字母所代表的参数
STF	开始到结束	$ES_i + STF_{i,j} = EF_j$		
FTS	结束到开始	$EF_i + FTS_{i,j} = ES_j$		
FTF	结束到结束	$EF_i + FTF_{i,j} = EF_j$		

扫码学习

A．3　　B．8
C．9　　D．12

【答案】C。

【解析】工作的总时差等于本工作与其各紧后工作之间的时间间隔加该紧后工作的总时差所得之和的最小值。工作 B 的总时差= min{(3+6), (8+2)} = 9d。

2．某工程单代号搭接网络计划如图 3-2-20 所示，其中 B 和 D 工作的最早开始时间是（　）。

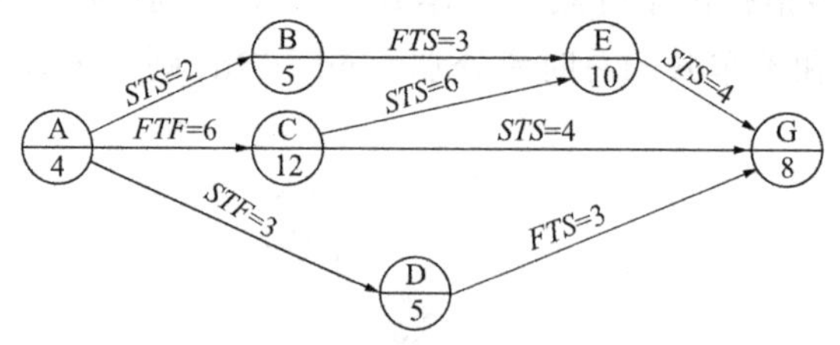

图 3-2-20　单代号搭接网络计划图

A．4 和 4　　B．6 和 7
C．2 和 0　　D．2 和 2

【答案】C。

【解析】首先我们先来看下各搭接关系下各时间参数应如何计算：

工作 B 的最早开始时间 $ES_B = ES_A + STS_{A,B} = 0+2 = 2$。

工作 A 与工作 D 之间的时距为 STF，所以 $EF_D = ES_A + STF_{A,D} = 0+3 = 3$，$ES_D = EF_D - D_D = 3-5 = -2$。

工作 D 的最早开始时间出现负值，显然是不合理的，所以工作 D 的最早开始时间 $ES_D = 0$，$EF_D = 0+5 = 5$。本题的计算过程如图 3-2-21 所示。

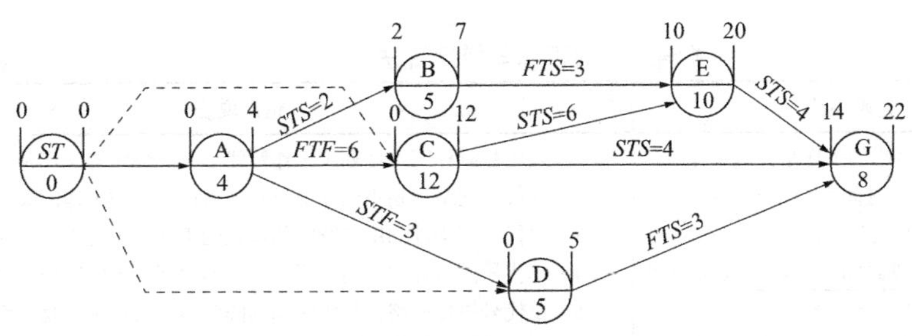

图 3-2-21　代号搭接网络计划图的计算过程

【想对考生说】

双代号、单代号、搭接网络计划中，都可能会考查关键线路、关键工作的判定，通过这几节课程的学习，我们将关键线路与关键工作的判定总结如下。

三、关键线路与关键工作的判定

1．关键线路的正确与错误说法

关键线路表述的正确与错误说法见表 3-2-6。

关键线路的正确与错误说法　　表 3-2-6

正确说法	错误说法
（1）线路上所有工作持续时间之和最长的线路是关键线路。 （2）双代号网络计划中，当 $T_p = T_c$ 时，自始至终由总时差为零的工作组成的线路是关键线路。 （3）双代号网络计划中，自始至终由关键工作组成的线路是关键线路。 （4）在时标网络计划中，相邻两项工作之间的时间间隔全部为零的线路就是关键线路。 （5）关键线路上可能有虚工作存在。 （6）在单代号网络计划中，从起点节点到终点节点均为关键工作，且所有工作的时间间隔为零的线路为关键线路。 （7）在搭接网络计划中，从终点节点开始逆着箭线方向依次找出相邻两项工作之间时间间隔为零的线路为关键线路	（1）由总时差为零的工作组成的线路是关键线路。 （2）关键线路只有一条。 （3）关键线路一经确定不可转移。 （4）时标网络计划中，自始至终不出现虚线的线路是关键线路

2．关键工作的正确与错误说法

关键工作表述的正确与错误说法见表 3-2-7。

扫码学习

关键工作的正确与错误说法　　表 3-2-7

正确说法	错误说法
（1）总时差最小的工作是关键工作。 （2）最迟开始时间与最早开始时间相差最小的工作是关键工作。 （3）最迟完成时间与最早完成时间相差最小的工作是关键工作。 （4）关键线路上的工作均为关键工作	（1）双代号时标网络计划中工作箭线上无波形线的工作是关键工作。 （2）双代号网络计划中两端节点均为关键节点的工作的关键工作。 （3）双代号网络计划中持续时间最长的工作是关键工作。 （4）单代号网络计划中与紧后工作之间时间为零的工作是关键工作。 （5）单代号搭接网络计划中时间间隔为零的关键工作是关键工作。 （6）单代号搭接网络计划中与紧后工作之间时距最小的工作是关键工作

【想对考生说】

这部分内容考查有两种题型：

第一种题型是已知网络计划图判断关键线路和关键工作。

第二种题型是有关关键线路和关键工作的表述题。

【还会这样考】

1．双代号网络计划中，关键工作是指（　）的工作。

A．总时差最小　　B．自由时差为零

C．时间间隔为零　　D．时距最小

【答案】A。

2．在单代号网络计划中，关键线路是指（　）的线路。

A．各项工作持续时间之和最小　　B．由关键工作组成

C．相邻两项工作之间时间间隔均为零　　D．各项工作自由时差均为零

【答案】C。

3．某工程双代号网络计划如图 3-2-22 所示，关键线路有（　）条。

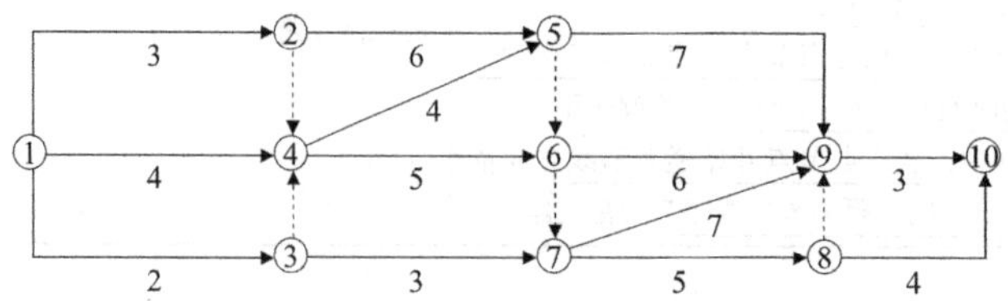

图 3-2-22　工程双代号网络计划图

A．1　　B．2

C. 3　　　　D. 5

【答案】C。

【解析】双代号网络计划图中，关键线路分别为①→②→⑤→⑨→⑩；①→②→⑤→⑥→⑦→⑨→⑩；①→④→⑥→⑦→⑨→⑩。

4. 某工程双代号网络计划如图 3-2-23 所示，其关键工作有（　）。

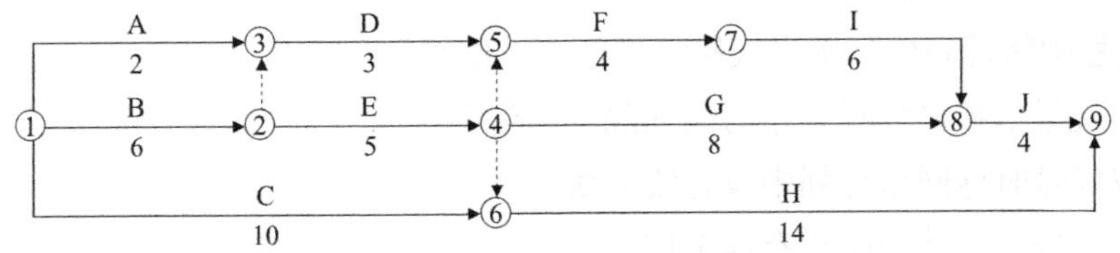

图 3-2-23　工程双代号网络计划图

A. 工作 B、E、F、I　　　　B. 工作 D、F、I、J

C. 工作 B、E、G　　　　D. 工作 C、H

【答案】A。

【解析】本题的关键线路为：①→②→④→⑤→⑦→⑧→⑨；①→②→④→⑥→⑨。所以关键工作为工作 B、E、F、I。

5. 某工程单代号网络计划如图 3-2-24 所示（图中节点上方数字为节点编号），其中关键线路有（　）。

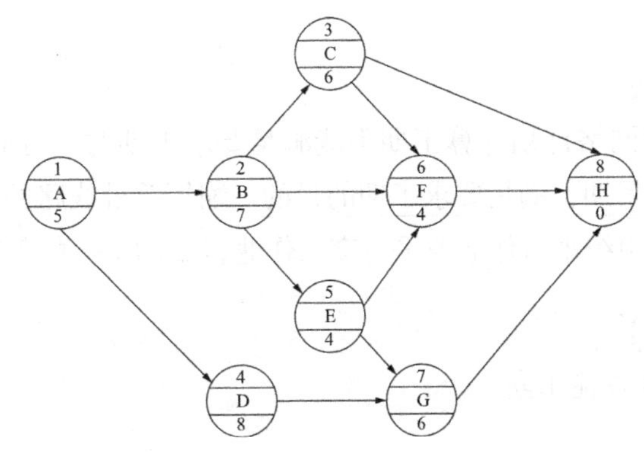

图 3-2-24　单代号网络计划图

A. 1→2→3→8　　　　B. 1→2→3→6→8

C. 1→2→5→6→8　　　　D. 1→2→5→7→8

E. 1→4→7→8

【答案】BD。

【解析】单代号网络计划中，从网络计划的终点节点开始，逆着箭线方向依次找出相邻两项工作之间时间间隔为零的线路就是关键线路。本题中，工作 A 的最早开始时间为 0，最早完成时间为 0+5 = 5；工作 B 的最早开始时间为 5，最早完成时间为 5+7 = 12；工作 C 的最早开始时间为 12，最早完成时间为 12+6 = 18；工作 D 的最早开始时间为 5，最早完成时间为 5+8 = 13；工作 E 的最早开始时间为 12，最早完成时间为 12+4 = 16；工作 F 的最早开始时间为 max{12，16，18} = 18，最早完成时间为 18+4 = 22；工作 G 的最早开始时间为 16，最早完成时间为 16+6 = 22；工作 H 的最早开始时间为 22，最早完成时间为 16+6 = 22。$LAG_{A,B}=0$，$LAG_{B,E}=0$，$LAG_{E,G}=0$，$LAG_{G,H}=0$，$LAG_{B,C}=0$，$LAG_{C,F}=0$，$LAG_{F,H}=0$。关键线路为：1→2→3→6→8、1→2→5→7→8。

6. 工程网络计划中，关键线路是指（　　）的线路。

A. 单代号搭接网络计划中时间间隔全部为零

B. 双代号时标网络计划中没有波形线

C. 双代号网络计划中没有虚工作

D. 双代号网络计划中工作持续时间总和最大

E. 单代号网络计划中由关键工作组成

【答案】ABD。

第六节　网络计划的优化

一、工期优化

【考生必掌握】

1. 工期优化方法

工期优化是指当网络计划计算工期不能满足要求工期时，可通过不断压缩关键线路的长度，达到缩短工期，满足要求工期的目的。缩短关键线路的方法有两种：（1）将关键工作进行分解，组织平行作业或平行交叉作业；（2）压缩关键工作的持续时间。

> 【想对考生说】
> 注意不是寻找最优工期。

当工期优化过程中出现多条关键线路时，必须将各条关键线路的总持续时间压缩相同数值。

2. 压缩关键工作考虑的因素

（1）缩短持续时间对质量和安全影响不大的工作；

（2）有充足备用资源的工作；

（3）缩短持续时间所需增加的费用最少的工作。

> 【想对考生说】
> 这部分内容命题者可能会考查压缩关键工作的持续时间应选择哪些工作。

【还会这样考】

1. 工程网络计划的工期优化是通过（　）来达到优化目标。

A. 改变关键工作之间的逻辑关系　　B. 组织关键工作平行作业

C. 组织关键工作搭接作业　　D. 压缩关键工作的持续时间

【答案】D。

2. 下列关于工程网络计划工期优化的说法中，正确的是（　）。

A. 当出现多条关键线路时，应选择其中一条最优线路缩短其持续时间

B. 应选择直接费率最小的非关键工作作为缩短持续时间的对象

C. 工期优化的前提是不改变各项工作之间的逻辑关系

D. 工期优化过程中须将关键工作压缩成非关键工作

【答案】C。

3. 关于工程网络计划工期优化的说法，正确的有（　）。

A. 应分析调整各项工作之间的逻辑关系

B. 应有步骤地将关键工作压缩成非关键工作

C. 应将各条关键线路的总持续时间压缩相同数值

D. 应考虑质量、安全和资源等因素选择压缩对象

E. 应压缩非关键线路上自由时差大的工作

【答案】CD。

4. 在工程网络计划工期优化过程中，为了有效地缩短工期，应优先选择（　）的关键工作作为压缩对象。

A. 持续时间最长　　B. 缩短持续时间对质量影响不大

C. 直接费用率最小　　D. 直接费用最小

E. 有充足备有资源

【答案】BE。

二、费用优化

【考生必掌握】

1. 概念

费用优化又称工期成本优化，是指寻求工程总成本最低时的工期安排，或按要求工期寻求最低成本的计划安排的过程。

2. 工程费用和工期的关系

直接费会随着工期的缩短而增加，间接费会随着工期的缩短而减少。

3. 工作的直接费与持续时间之间的关系

类似于工程直接费与工期之间的关系，工作的直接费随着持续时间的缩短而增加。

4. 费用优化的基本思路

不断地在网络计划中找出直接费用率（或组合直接费用率）最小的关键工作，缩

短其持续时间，同时考虑间接费随工期缩短而减少的数值，最后求得工程总成本最低时的最优工期安排或按要求工期求得最低成本的计划安排。

5．缩短关键工作持续时间的确定原则

（1）缩短后工作的持续时间不能小于其最短持续时间；

（2）缩短持续时间的工作不能变成非关键工作。

【想对考生说】

这部分内容需要重点掌握概念、工程费用和工期的关系以及费用优化的基本思路。考试时一般会考查文字表述题，费用优化的计算一般会出现在《建设工程监理案例分析》科目中。

【还会这样考】

1．工程网络计划费用优化的目标是（　　）。

A．在工期延长最少的条件下使资源需用量尽可能均衡

B．在满足资源限制的条件下使工期保持不变

C．在工期最短的条件下使工程总成本最低

D．寻求工程总成本最低时的工期安排

【答案】D。

2．工程网络计划费用优化的基本思路是，在网络计划中，当有多条关键线路时，应通过不断缩短（　　）的关键工作持续时间来达到优化目的。

A．直接费总和最大　　B．组合间接费用率最小

C．间接费总和最大　　D．组合直接费用率最小

【答案】D。

三、资源优化

【考生必掌握】

1．“资源有限，工期最短”的优化

通过调整计划安排，在满足资源限制条件下，使工期延长最少的过程。

2．“工期固定，资源均衡”的优化

通过调整计划安排，在工期保持不变的条件下，使资源需用量尽可能均衡的过程。

【想对考生说】

资源优化的目的是通过改变工作的开始时间和完成时间，使资源按照时间的分布符合优化目标。在历年考试中主要考查两种资源优化的概念。

【还会这样考】

1．网络计划的资源优化分为两种，其中“工期固定，资源均衡”的优化是指（　　）。

A．在工期不变的条件下，使资源投入最少

B．在满足资源限制条件下，使工期延长最少

C．在工期不变的条件下，使工程总费用低

D．在工期不变的条件下，使资源需用量尽可能均衡

【答案】D。

2．工程网络计划资源优化的目的之一是为了寻求（　）。

A．工程总费用最低时的资源利用方案

B．资源均衡利用条件下的最短工期安排

C．工期最短条件下的资源均衡利用方案

D．资源有限条件下的最短工期安排

【答案】D。

3．工程网络计划的资源优化是指通过改变（　），使资源按照时间的分布符合优化目标。

A．工作的持续时间

B．工作的开始时间

C．工作之间的逻辑关系

D．工作的完成时间

E．工作的资源强度

【答案】BD。

4．工程网络计划的优化目标有（　）。

A．降低资源强度

B．使计算工期满足要求工期

C．寻求工程总成本最低时的工期安排

D．工期不变条件下资源需用量均衡

E．资源限制条件下工期最短

【答案】BCDE。

【想对考生说】

这道题目是对工期优化、费用优化和资源优化的综合考查，对于这类题目，在作答时不要少选。

扫码学习

第三章 施工进度计划

第一节 施工进度计划编制程序

一、发包人控制性进度计划的编制

【考生必掌握】

1. 编制依据

编制依据包括10项，分别是：①已批复的可行性研究报告；②已批复的初步设计报告；③工程建设地点的交通现状及近期发展规划；④建筑材料的来源和供应条件调查；⑤施工区水源、电源情况及供应条件；⑥当地可提供修理、加工能力的情况；⑦工程所在地水文资料；⑧工程所在地气象资料；⑨工程地质资料；⑩国家政策、法律等规定。

2. 编制时注意事项

（1）批复的建设工期是发包人编制控制性进度计划的基础。

（2）考虑分标方案。

（3）征地移民、建设计划之间的协同性。

（4）标段之间的协调性。

①不同分标间工作的逻辑关系的制约。

②不同分标间工作的相互干扰。

（5）施工期投产的交叉问题。

【还会这样考】

发包人控制性进度计划的编制依据有（　　）。

A. 已批复的可行性研究报告

B. 批复的初步设计报告

C. 批准的设计概算

D. 施工区水源、电源情况及供应条件

E. 建筑材料的来源和供应条件调查

【答案】ABDE。

二、合同性进度计划的编制

【考生必掌握】

1．编制依据

编制依据包括13项，分别是：①合同文件（包括招标图纸、招标文件、委托合同等）；②施工现场的水文观测资料，水文地质和工程地质等勘测资料；③项目所在地区的气象、地震等有关资料；④资金供应的情况；⑤原材料及工程设备供应情况；⑥劳动力供应情况；⑦施工设备供应情况；⑧施工场地及交通运输情况；⑨供水、供电、供风和通信情况；⑩征地拆迁与移民安置情况；⑪施工方案；⑫管理水平情况；⑬其他有关资料（如环境保护、文物保护和野生动物保护等）。

2．编制时注意事项

（1）应按照要求的项目划分（*WBS*）方式编制进度计划。

（2）进度计划内容应当完整。

（3）符合合同约定与投标承诺。

（4）应按照合同规定的进度计划管理软件和计划表达形式编制并提交进度计划，不得随意改变。

【想对考生说】

经监理人批准的施工总进度计划，称为合同性进度计划，是控制合同工程进度的依据。

【还会这样考】

1.**【2021年真题】**经监理工程师批准的承包人按照建设承包合同编制的施工总进度计划称为（　）。

A．合同进度计划　　B．修订进度计划

C．工程项目总进度计划　　D．承包人内部控制性计划

【答案】A。

2. 承包人控制性进度计划的编制依据有（　）。

A．施工现场的水文观测资料，水文地质和工程地质等勘测资料

B．资金供应的情况

C．工程建设地点的交通现状及近期发展规划

D．已批复的可行性研究报告

E．劳动力供应情况

【答案】ABE。

第二节　工序逻辑关系确定

【考生必掌握】

确定逻辑关系主要作用是定义工作之间的逻辑顺序，以便在既定的所有项目制约因素下获得最高的效率。逻辑关系可以用紧前工作和紧后工作表示。逻辑关系包含四种情况，分别是：完成到开始（*FTS*）、完成到完成（*FTF*）、开始到开始（*STS*）、开始到完成（*STF*）。这四种逻辑关系可以组合成四种逻辑关系，即：强制性逻辑关系、选择性逻辑关系、外部逻辑关系、内部逻辑关系。

【想对考生说】

完成到开始（*FTS*）：只有紧前工作完成，紧后工作才能开始的逻辑关系。

完成到完成（*FTF*）：只有紧前工作完成，紧后工作才能完成的逻辑关系。

开始到开始（*STS*）：只有紧前工作开始，紧后工作才能开始。

开始到完成（*STF*）：只有紧前工作开始，紧后工作才能完成。

【还会这样考】

1．土建工程完成后，金属结构工作才能完成，这种逻辑关系属于（　）。

A．*FTS*　　B．*FTF*

C．*STS*　　D．*STF*

【答案】B。

2．隧洞开挖开始后一定时间，才能开始隧洞支护，这种逻辑关系属于（　）。

A．*FTS*　　B．*FTF*

C．*STS*　　D．*STF*

【答案】C。

3．工作逻辑关系可以组合成（　）。

A．强制性逻辑关系　　B．选择性逻辑关系

C．外部逻辑关系　　D．内部逻辑关系

E．控制性逻辑关系

【答案】ABCD。

第三节　工序持续时间估计

【考生必掌握】

工作项目持续时间的确定方法见表 3-3-1。

工作项目持续时间的确定方法　　表 3-3-1

确定方法	内容
参数估算	对于分部分项工程的各项工作项目，可根据工程量、人工、机械台班产量定额和合理的人、机数量按下式计算： $$t=\frac{W}{Rm}$$ 式中　t——工作基本工时； W——工作的实物工程量； R——台班产量定额； m——施工人数（或机械台班数）
类比估算	一种使用相似工作或项目的历史数据，来估算当前工作或项目的持续时间或成本的技术。这是一种粗略的估算方法。 通常成本较低、耗时较少，但准确性也较低
三点估算	没有确定的实物工作量，或不能用实物工程量来计算工时，又没有颁布的工期定额可套用，在这种情况下，可以采用三点估算来计算： $$t=\frac{t_o+4t_m+t_p}{6}$$ 式中　t_o——乐观估计工时，即在顺利条件下，完成某项工作所需的时间； t_m——最可能估计工时，即在正常条件下，完成某项工作所需的时间； t_p——悲观估计工时，即在最不利的条件下，完成某项工作所需的时间

【想对考生说】

三种估算方法会是一个多项选择题采分点，应区分概念。

三点估算法的公式可能会考查计算题。

【还会这样考】

1. 某工程项目即将开始，项目经理估计该项目 10d 即可完成，如果出现问题耽搁了也不会超过 20d 完成，最快 6d 即可完成。根据项目历时估计中的三点估算法，该项目的历时为（　）d。

A．10　　B．11

C．12　　D．13

【答案】B。

【解析】该项目的历时时间＝$\frac{6+4\times10+20}{6}$＝11d。

2. 工作项目持续时间的确定方法主要有（　）。

A．参数估算法　　B．经验估算法

C．类比估算法　　D．统计估算法

E．三点估算法

【答案】ACE。

第四节　施工进度计划审批

【考生必掌握】

承包人的实施性施工进度计划审批程序及内容如图 3-3-1 所示。

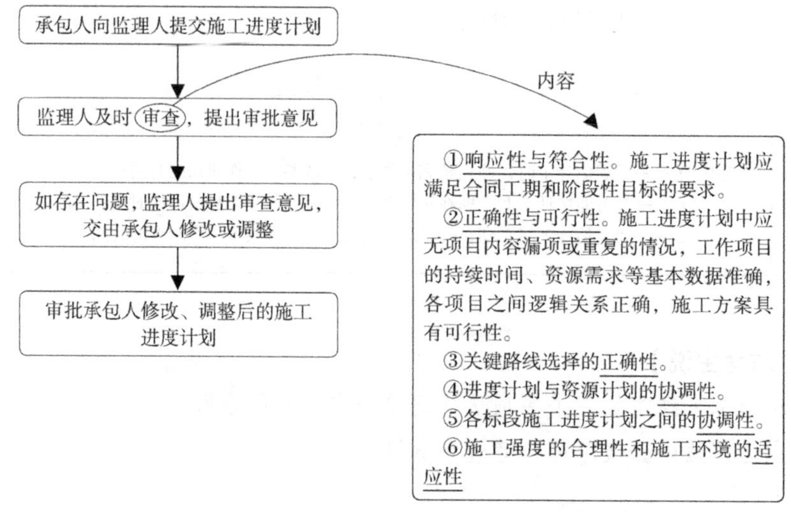

图 3-3-1　承包人的实施性施工进度计划审批程序及内容

【还会这样考】

监理人审查承包人的实施性施工进度计划的内容包括（　　）。

A．审查使用进度计划是否满足合同工期和阶段性目标的要求

B．审查施工进度计划中应无项目内容漏项或重复的情况

C．审查进度计划与资源计划的协调性

D．审查施工强度的合理性和施工环境的适应性

E．审查主要工程项目能否保持连续施工

【答案】ABCD。

第四章　施工阶段进度控制

第一节　施工阶段进度控制的内容和程序

一、监理人施工进度控制的内容

【考生必掌握】

监理人施工进度控制主要包括 6 项内容，如图 3-4-1 所示。

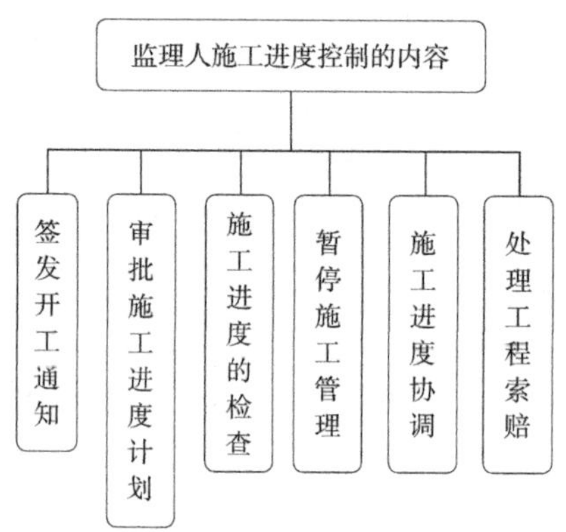

图 3-4-1　监理人施工进度控制的内容

【想对考生说】

在这 6 项内容中，重点掌握以下内容：

（1）《水利水电工程标准施工招标文件（2009 年版）》规定，监理人应在开工日期 7d 前向承包人发出开工通知。监理人在发出开工通知前应获得发包人同意。

（2）《水利水电工程标准施工招标文件（2009 年版）》规定，承包人应按技术标准和要求（合同技术条款）约定的内容和期限以及监理人的指示，编制详细的施工总进度计划及其说明提交监理人审批。

【还会这样考】

1. 根据《水利水电工程标准施工招标文件（2009年版）》规定，监理人应在开工日期（　）d前向承包人发出开工通知。监理人在发出开工通知前应获得发包人同意。

A. 7　　B. 14

C. 28　　D. 42

【答案】A。

2. 监理人施工进度控制的主要内容有（　）。

A. 签发开工通知　　B. 编制施工进度计划

C. 发出暂停施工指示　　D. 施工进度协调

E. 处理工程索赔

【答案】ACDE。

二、暂停施工管理

【考生必掌握】

承包人暂停施工的责任与发包人暂停施工的责任，见表3-4-1。

承包人暂停施工的责任与发包人暂停施工的责任　　表3-4-1

项目	内容
暂停施工增加的费用和（或）工期延误由承包人承担情形	（1）承包人违约引起的暂停施工。 （2）由于承包人原因为工程合理施工和安全保障所必需的暂停施工。 （3）承包人擅自暂停施工。 （4）承包人其他原因引起的暂停施工。 （5）专用合同条款约定由承包人承担的其他暂停施工
暂停施工增加的费用和（或）工期延误由发包人承担情形	（1）由于发包人违约引起的暂停施工。 （2）由于不可抗力的自然或社会因素引起的暂停施工。 （3）专用合同条款规定的其他由于发包人原因引起的暂停施工

根据《水利水电工程标准施工招标文件（2009年版）》规定，监理人认为有必要时，可向承包人作出暂停施工的指示，承包人应按监理人指示暂停施工。

由于发包人的原因发生暂停施工的紧急情况，且监理人未及时下达暂停施工指示的，承包人可先暂停施工，并及时向监理人提出暂停施工的书面请求。监理人应在接到书面请求后的24h内予以答复，逾期答复的，视为同意承包人的暂停施工请求。

关于暂停施工指示的签发应掌握以下情形，具体情况见表3-4-2。

暂停施工指示的签发 表 3-4-2

项目	内容
提出暂停施工建议，发包人同意后签发	（1）工程继续施工将会对第三者或社会公共利益造成损害。 （2）为了保证工程质量、安全所必要。 （3）承包人发生合同约定的违约行为，且在合同约定时间内未按监理机构指示纠正其违约行为，或拒不执行监理机构的指示，从而将对工程质量、安全、进度和资金控制产生严重影响，需要停工整改
立即签发暂停施工指示，向发包人报送	监理机构认为发生了应暂停施工的紧急事件时
签发暂停施工指示，抄送发包人	（1）发包人要求暂停施工。 （2）承包人未经许可即进行主体工程施工时，改正这一行为所需要的局部停工。 （3）承包人未按照批准的施工图纸进行施工时，改正这一行为所需要的局部停工。 （4）承包人拒绝执行监理机构的指示，可能出现工程质量问题或造成安全事故隐患，改正这一行为所需要的局部停工。 （5）承包人未按照批准的施工组织设计或施工措施计划施工或承包人的人员不能胜任作业要求，可能会出现工程质量问题或存在安全事故隐患，改正这些行为所需要的局部停工。 （6）发现承包人所使用的施工设备、原材料或中间产品不合格，或发现工程设备不合格，或发现影响后续施工的不合格的单元工程（工序），处理这些问题所需要的局部停工

【想对考生说】

《水利水电工程标准施工招标文件（2009 年版）》规定，不论由于何种原因引起的暂停施工，暂停施工期间承包人应负责妥善保护工程并提供安全保障。

【还会这样考】

1. 下列暂停施工的情形中，不属于承包人应当承担责任的是（　　）。

A. 业主方提供设计图纸延误造成的工程施工暂停

B. 为保障钢结构构件进场，暂停进场线路上的结构施工

C. 未及时发放劳务工工资造成的工程施工暂停

D. 迎接地方安全检查造成的工程施工暂停

【答案】A。

2. 根据《水利水电工程标准施工招标文件（2009 年版）》规定，关于暂停施工的说法，正确的是（　　）。

A. 由于发包人原因引起的暂停施工，承包人有权要求延长工期和（或）增加费用，但不得要求补偿利润

B. 发包人原因造成暂停施工，承包人可不负责暂停施工期间工程的保护

C. 因发包人原因发生暂停施工的紧急情况时，承包人可以先暂停施工，并及时向监理人提出暂停施工的书面请求

D. 施工中出现一些意外需要暂停施工的，所有责任由发包人承担

【答案】C。

第二节　施工阶段进度控制的措施和任务

一、进度控制的措施

【考生必掌握】

进度控制的 4 个措施如图 3-4-2 所示。

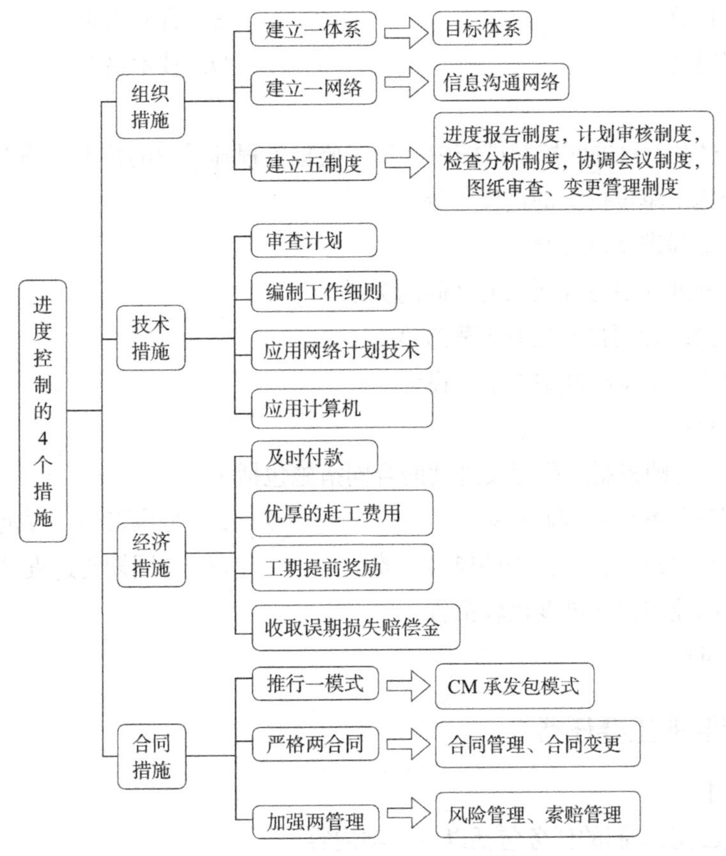

图 3-4-2　进度控制的 4 个措施

【考生这样记】

关于四种措施可以这样记：

（1）组织措施：建立一体系、建立一网络、建立五制度。

（2）技术措施：审查计划、编制细则、动态控制。

（3）经济措施：在钱上的体现。

（4）合同措施：推行一模式、严格两合同、加强两管理。

【想对考生说】

这部分内容在考试时四个措施会相互作为干扰选项出现。考试题型有两种：

一是题干中给出采取的具体进度控制措施，判断属于哪类措施。

二是题干中给出措施类型，判断备选项中符合这类型的措施。

【还会这样考】

1．在建设工程监理工作中，建立工程进度报告制度及进度信息沟通网络属于监理工程师控制进度的（　　）。

A．经济措施　　　　B．合同措施

C．组织措施　　　　D．技术措施

【答案】C。

2．下列建设工程进度控制措施中，属于监理工程师采取的技术措施有（　　）。

A．审查施工单位提交的进度计划

B．建立工程进度报告制度

C．协调进度计划与合同工期之间的关系

D．应用网络计划技术控制工程进度

E．协助施工单位编制施工组织设计

【答案】AD。

3．监理工程师控制工程建设进度的合同措施包括（　　）。

A．分解项目并建立编码体系　　　　B．分段发包、提前施工

C．分析项目进度目标实现的风险因素　　　　D．合同期与进度计划的协调

E．定期向业主提交进度比较报告

【答案】BD。

二、进度控制的主要任务

【考生必掌握】

施工阶段进度控制的任务包括以下 3 项内容：

（1）编制施工总进度计划，并控制其执行。

（2）编制单位工程施工进度计划，并控制其执行。

（3）编制工程年、季、月实施计划，并控制其执行。

【想对考生说】

另外还需要注意一点：监理工程师不仅要审查设计单位和施工单位提交的进度计划，更要编制监理进度计划。

【还会这样考】

在建设工程实施阶段进度控制的主要任务中，属于施工阶段的任务是（　　）。

A．编制工程项目总进度计划

B．进行环境及施工现场条件的调查和分析

C．编制详细的出图计划，并控制其执行

D．编制单位工程施工进度计划，并控制其执行

【答案】D。

第三节　进度动态分析与计划调整

一、施工进度的动态分析方法

【考生必掌握】

施工进度的动态分析方法如图 3-4-3 所示。

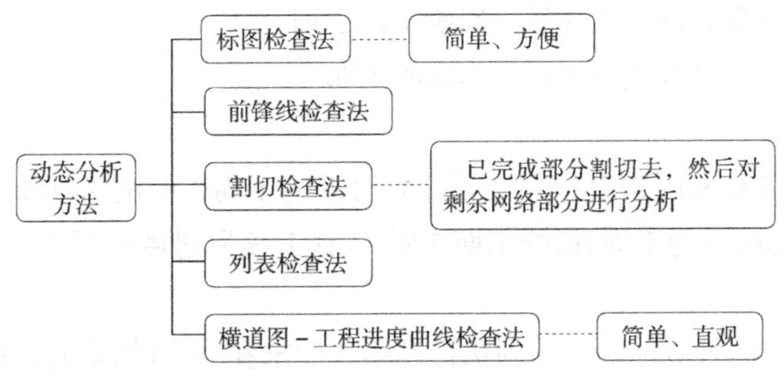

图 3-4-3　施工进度的动态分析方法

【想对考生说】

前锋线检查法应重点掌握，通过实际进度与计划进度的比较可以获得的信息见表 3-4-3。

实际进度与计划进度的比较可以获得的信息　　表 3-4-3

直观反映	表明关系		预测影响	
实际进展位置点	实际进度	拖后或超前时间	对后续工作影响	对总工期影响
落在检查日左侧	拖后	检查时刻－位置点时刻	超过自由时差就影响，超几天就影响几天	超过总时差就影响，超几天就影响几天
与检查日重合	一致	0	不影响	不影响
落在检查日右侧	超前	位置点时刻－检查时刻	需结合其他工作分析	需结合其他工作分析

【还会这样考】

1．某工程双代号时标网络计划如图 3-4-4 所示，根据第 6 周末实际进度检查结果绘制的前锋线如点划线所示。通过比较可以看出（　　）。

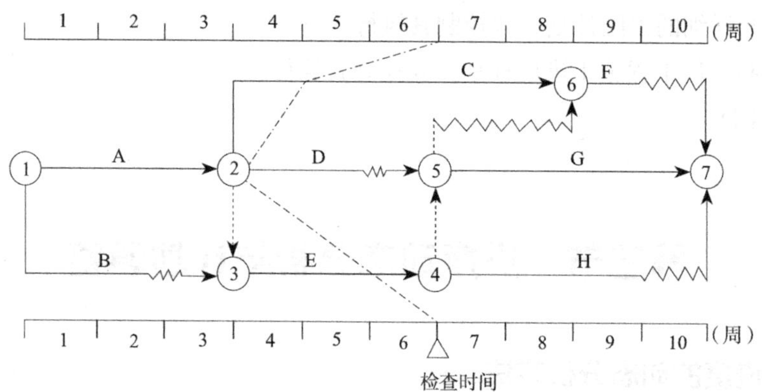

图 3-4-4　实际进度前锋线

A．工作 C 实际进度拖后 2 周，影响工期 2 周

B．工作 D 实际进度超前 2 周，不影响工期

C．工作 D 实际进度拖后 3 周，影响工期 2 周

D．工作 E 实际进度拖后 1 周，不影响工期

【答案】C。

【解析】工作 C 实际进度拖后 2 周，总时差为 1 周，影响工期 1 周；工作 D 实际进度拖后 3 周，总时差为 1 周，影响工期 2 周；工作 E 实际进度拖后 1 周，总时差为 1 周，影响工期 1 周。

2．某工程双代号时标网络计划执行到第 4 周末和第 10 周末时，检查其实际进度如图 3-4-5 前锋线所示，检查结果表明（　　）。

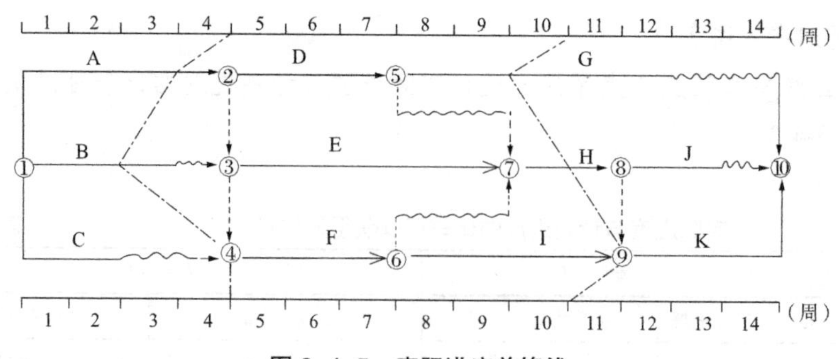

图 3-4-5　实际进度前锋线

A．第 4 周末检查时工作 B 拖后 1 周，但不影响工期

B．第 4 周末检查时工作 A 拖后 1 周，影响工期 1 周

C．第 10 周末检查时工作 I 提前 1 周，可使工期提前 1 周

D．第 10 周末检查时工作 G 拖后 1 周，但不影响工期

E．在第 5 周到第 10 周内，工作 F 和工作 I 的实际进度正常

【答案】BD。

【解析】在双代号时标网络计划图中，根据前锋线可知，第 4 周末检查时工作 A 拖后 1 周，影响工期 1 周，工作 B 拖后 2 周，影响工期 1 周；第 10 周末检查时工作 I 提前 1 周，但不影响工期，工作 G 拖后 1 周，但不影响工期；工作 C 拖后，影响工作 F 的最早开始时间；工作 H 和工作 I 均拖后，影响总工期。

【想对考生说】

前锋线比较法的易错点是若图上有两条以上检查折线，折线之间的检查情况互不影响。

二、施工进度计划的调整

【考生必掌握】

一般情况下，只要能达到预期目标，调整应越少越好。在进行进度调整时，应考虑以下因素：

（1）后续施工项目合同工期的限制。

（2）进度调整后，给后续施工项目会不会造成赶工或窝工而导致工期和经济遭受损失。

（3）材料物资供应需求上的制约。

（4）劳动力供应需求的制约。

（5）工程投资分配计划的制约。

（6）外界自然条件的制约。

（7）施工项目之间逻辑关系的制约。

（8）进度调整引起的支付费率调整。

工程进度延误后，进度计划调整应遵循以下 6 项原则：

（1）对后续工程的施工影响小。

（2）进度里程碑目标不得随意突破。

（3）合同规定的总工期和中间完工日期不得随意调整。

（4）计划的调整应首先保证关键工作的按期完成。

（5）计划调整应首先保证受洪水、降雨等自然条件影响和公路交叉、穿越市镇、影响市政供水供电等项目按期完成。

（6）计划调整应选择合理的施工方案和适度增加资源的投入，使费用增加较少。

【还会这样考】

工程进度延误后，进度计划调整应遵循的原则包括（　　）。

A．对后续工程的施工影响小

【想对考生说】

如果进度拖延造成的影响在合同规定的控制工期内调整计划已无法补救时，只有调整控制工期（这种情况只有在迫不得已时才会采用）。这时应先调整投产日期外的其他控制日期。再经过各方认真研究讨论，采取各种有效措施仍无法保证合同规定的总工期时，可考虑将工期后延，但应在充分论证的基础上报上级主管部门审批。进度调整应以竣工日期推迟最短为原则。

若通过赶工措施，提前完成有利，监理人应协助发包人拟定合理方案，并就赶工引起的合同问题与承包人沟通、协商，落实承包人按要求提前完工的措施计划、发包人应提供的条件以及补偿承包人的费用与激励办法。

B．进度里程碑目标不得随意突破

C．合同规定的总工期和中间完工日期不得随意调整

D．计划的调整应首先保证关键工作的按期完成

E．计划调整应选择合理的施工方案和减少资源的投入

【答案】ABCD。

第四节　工期延误的合同责任

【考生必掌握】

按照《水利水电工程标准施工招标文件（2009 年版）》，工期延误分为 4 种类型，具体内容见表 3-4-4。

工期延误的合同责任　　表 3-4-4

原因	情形	合同责任
发包人、监理人原因	发包人的工期延误：①增加合同工作内容；②改变合同中任何一项工作的质量要求或其他特性；③发包人延迟提供材料、工程设备或变更交货地点的；④因发包人原因导致的暂停施工；⑤提供图纸延误；⑥未按合同约定及时支付预付款、进度款；⑦发包人造成工期延误的其他原因	承包人有权要求发包人延长工期和（或）增加费用，并支付合理利润
	监理人的工期延误：①监理人对工程的重新检查工程质量合格；②监理人对原材料的重新检验，原材料质量合格	
不利物质条件	不可预见的外界障碍或自然条件造成施工受阻	要求延长工期及增加费用，不能得到合理利润

续表

原因	情形	合同责任
不可抗力、异常恶劣的气候条件	不可抗力是指承包人和发包人在订立合同时不可预见，在工程施工过程中不可避免发生并不能克服的自然灾害和社会性突发事件，如地震、海啸、瘟疫、水灾、骚乱、暴动、战争和专用合同条款约定的其他情形	发包人和承包人按照不可抗力后果处理
承包人原因	承包人原因，未能按合同进度计划完成工作，或监理人认为承包人施工进度不能满足合同工期要求的	承包人应采取措施加快进度，并承担加快进度所增加的费用，支付逾期竣工违约金

【想对考生说】

在实际施工过程中，上述4种工期延误类型可能会同时发生，称为“同期延误”。一般按以下两种情况处理：

（1）同一工作发生同期延误事件。

①首先判断造成拖期的哪一种原因是最先发生的，即确定“初始延误”者，它应对工程拖期负责。在初始延误发生作用期间，其他并发的延误者不承担拖期责任。

②如果初始延误者是发包人原因，则在发包人原因造成的延误期内，承包人既可得到工期延长，又可得到经济补偿。

③如果初始延误者是客观原因，则在客观因素发生影响的延误期内，承包人可以得到工期延长，但很难得到费用补偿。

④如果初始延误者是承包人原因，则在承包人原因造成的延误期内，承包人既不能得到工期补偿，也不能得到费用补偿。

（2）不同工作发生同期延误事件。

在不同的工作上发生的同期延误是指在不同的工作上发生了两项或两项以上的延误，从而产生了对合同工期或里程碑目标的拖期影响。由于各项工作在工程总进度计划中所处的地位不同，即使同样长度的时间延误对工程进度所产生的影响也就不同。因此，应单独分析各施工延误事件对合同工期或里程碑目标所产生的影响，然后将这些影响进行分析比较，对相应重叠影响部分按上述同一项工作上发生的同期延误处理；对其他部分，按照引起工期延误的原因处理。

【还会这样考】

1．关于施工合同履行过程中共同延误的处理原则，下列说法中正确的是（　）。

A．在初始延误发生作用期间，其他并发延误者按比例承担责任

B．若初始延误者是发包人，则在其延误期内，承包人可得到经济补偿

C．若初始延误者是客观原因，则在其延误期内，承包人不能得到经济补偿

D．若初始延误者是承包人，则在其延误期内，承包人只能得到工期补偿

【答案】B。

2．下列情形中，属于发包人工期延误的有（　）。

A．增加合同工作内容

B．改变合同中任何一项工作的质量要求

C．监理人对原材料的重新检验，原材料质量合格

D．发包人延迟提供材料、工程设备或变更交货地点的

E．监理人对工程的重新检查工程质量合格

【答案】ABD。

第五节　工期延误的影响分析及处理

一、工期延误的计算

【考生必掌握】

（1）直接法。如果某干扰事件直接发生在关键线路上，造成总工期的延误，可以直接将该干扰事件的实际干扰时间（延误时间）作为工期索赔值。

（2）比例计算法。如果某干扰事件仅仅影响某单项工程、单位工程或分类分项工程的工期，要分析其对总工期的影响，可以采用比例计算法。

①已知受干扰部分工程的延期时间：

$$\text{工期索赔值}=\frac{\text{受干扰部分}}{\text{工期拖延时间}}\times\frac{\text{受干扰部分工程的合同价格}}{\text{原合同总价}}$$

②已知额外增加工程量的价格：

$$\text{工期索赔值}=\text{原合同总工期}\times\frac{\text{额外增加的工程量的价格}}{\text{原合同总价}}$$

比例计算法虽然简单方便，但有时不符合实际情况，而且比例计算法不适用于变更施工顺序、加速施工、删减工程量等事件的索赔。

（3）网络图分析法。利用进度计划的网络图，分析其关键线路。如果延误的工作为关键工作，则延误的时间为索赔的工期；如果延误的工作为非关键工作，当该工作由于延误超过时差而成为关键工作时，可以索赔延误时间与时差的差值；若该工作延误后仍为非关键工作，则不存在工期索赔问题。

该方法通过分析干扰事件发生前和发生后网络计划的计算工期之差来计算工期索赔值，可以用于各种干扰事件和多种干扰事件共同作用所引起的工期索赔。

【还会这样考】

1. 采用网络图分析法处理可原谅延期，下列说法中正确的是（　　）。

A. 只有在关键线路上的工作延误，才能索赔工期

B. 非关键线路上的工作延误，不应索赔工期

C. 如延误的工作为关键工作，则延误的时间为工期索赔值

D. 该方法不适用于多种干扰事件共同作用所引起的工期索赔

【答案】C。

【想对考生说】

在运用网络图法计算干扰事件对工程工期影响时，应注意以下3点：

（1）对于单项作业的索赔分析，确定该工作作业时间的延长没有超过其工作总时差，将不会引起工程工期的延长，工程工期延长应等于该工作作业时间的延长减去其工作总时差。

（2）在进行单项作业引起的索赔分析中，若该项工作的作业时间延长在其自由时差范围之内，则不会引起工程工期延长；同时，引起资源调整的可能性或程度也不太大。若该项工作的作业时间超过其自由时差，但在其总时差范围之内，虽不会引起工程工期延长，但一般会引起资源配置的变化。若该项工作的作业时间超过其总时差，则既引起工程工期延长，也会引起资源配置的变化。

对这两种情形的总结见表3-4-5。

分析工期延长对后续工作及总工期的影响　　表3-4-5

时间延长	是否影响后续工作	是否影响总工期
＞总时差	是	是
＜总时差	—	否
＞自由时差	是	—
＜自由时差	否	否

（3）工程中断的工期延长。对由于罢工、恶劣气候条件、发包人责任（如由发包人提供电力的情况下停电）和其他不可抗力因素造成的工程暂时中断，或发包人指令停止工程施工，使工期延长，一般其工期索赔值按工程实际停滞时间，即从工程停工到重新开工这段时间计算。但如果干扰事件有后果要处理，还要加上清除后果的时间。

2．某工程进度计划执行过程中，发现某工作出现工期延长，但该延长未影响总工期，则说明该项工作的延长时间（　）。

A．大于该工作的总时差　　B．小于该工作的总时差

C．大于该工作的自由时差　　D．小于该工作的自由时差

【答案】B。

二、施工机械闲置时间的计算

【考生必掌握】

（1）施工机械在场时间＝共用该施工机械的最后一项工作的完成时刻－施工机械进入施工现场的时刻。

（2）施工机械工作时间＝共用该施工机械的所有工作的持续时间之和。

（3）施工机械闲置时间＝施工机械在场时间－施工机械工作时间。

（4）施工机械在场闲置时间的增加（或减少）＝调整后（或事件发生后）施工机械在场闲置时间－调整前（或事件发生前）施工机械在场的闲置时间。结果为正，表示增加；结果为负，表示减少。

【还会这样考】

某工程双代号时标网络计划如图 3-4-6 所示。如果 B、D、G 三项工作共用一台施工机械而必须顺序施工，则在不影响总工期的前提下，该施工机械在现场的最小闲置时间是（　）周。

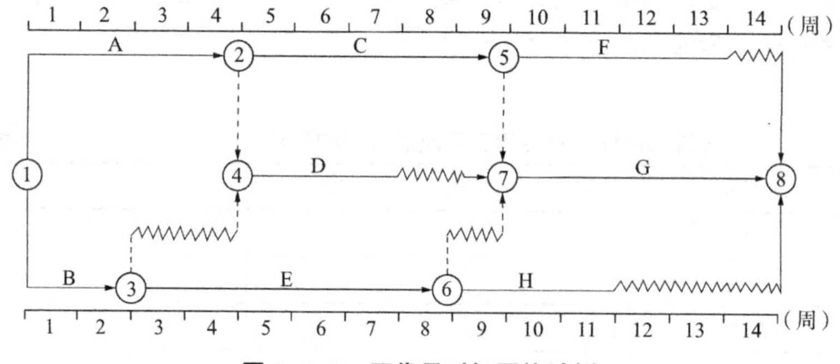

图 3-4-6　双代号时标网络计划

A．1　　B．2

C．3　　D．4

【答案】C。

【解析】施工机械在现场的最小闲置时间＝14－（2＋3＋5）－1＝3 周。